U0051885

EMBROIDERED
GARDEN FLOWERS

Viola

EMBROIDERED
GARDEN FLOWERS

'Envy'
'Fantastic
Light Pink'
Linearis

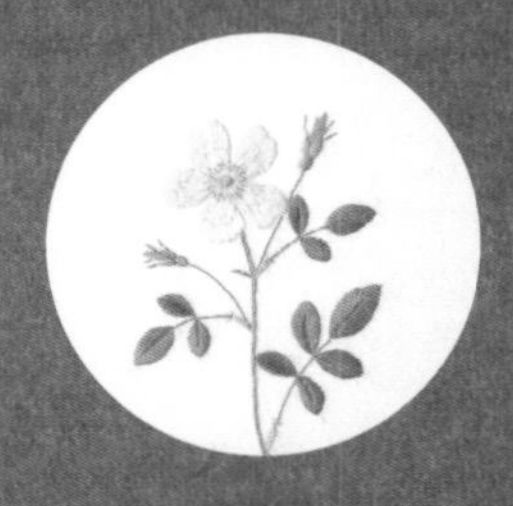

EMBROIDERED
GARDEN FLOWERS

手作人の私藏！

青木和子の庭園花草刺繡圖鑑 Best.63

EMBROIDERED GARDEN FLOWERS

CONTENTS

「素描，動手畫固然重要，但最重要的是細膩地觀察。」

這句話是在剛學畫素描時，老師不斷耳提面命的一句話。

製作花草刺繡的道理也是一樣，

身旁的花草、曾經畫過草圖的花草，

都能迅速地從腦內抽屜翻找出她們的顏色及形狀，

但若想刺繡的花草並不在庭園中、也不在抽屜裡時，

花草圖鑑便會成為我的參考書。

花草圖鑑的種類相當繁多，有只單純印刷花草照片的書籍，

也有同時刊載照片與素描圖案的類型。

其中較為精緻的植物畫（Botanical art）圖鑑，

其中一頁還包含了植物根部及葉片的放大圖呢！

只要凝視著該圖，

便讓自己彷彿已縮小為蜜蜂或蒼蠅的身形，

並慢慢地沿著植物周遭移動般，竟有如此不可思議的錯覺。

我想，這應該代表此時的我已經與繪圖的人擁有相同的視線了！

此刺繡花草圖鑑自春天開始繡起，

結束時卻已至晚秋。

特別收錄我曾經種過及最鍾愛的63種花草，

雖然此書作品並不像實物圖鑑般地講求正確性，

但對於色彩的搭配卻極為講究。

若此花草圖鑑，

有幸能夠成為愛花的刺繡愛好者入門書，

並一起共享於繡布上延伸的種種樂趣，

將會是令我感到最高興的事！

於工作室筆　　青木和子

Viola

Viola

>see p.54

A
B
C
D
E
F
G
H

>see p.55

3
4
1
2
Pansy

>see p.56

Blue

Pink

Apricot

Yellow

White

>see p.57

1
2
3

Daisy

>see p.58

1
2
3

Forget-me-not

>see p.59

2
3
1
Rose

>see p.60

1
2
3
Sweet woodruff

>see p.61

Crocus
Narcissus
Muscari

>see p.62

Chionodoxa Scilla Snowdrops

>see p.63

3
2
4
1

Wild strawberry

>see p.64

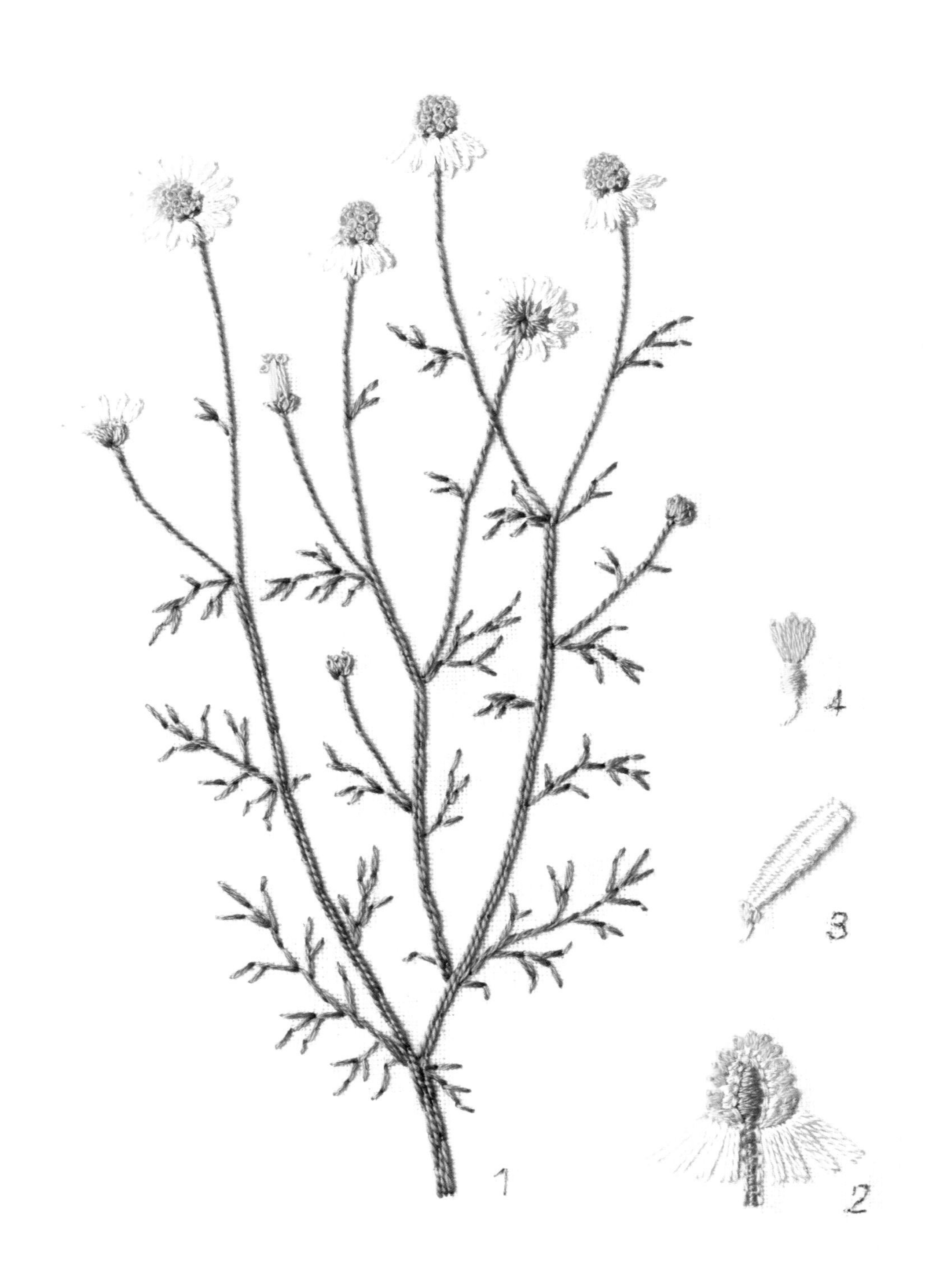
4
3
1
2

Chamomile

>see p.65

1
2
3
Lily-of-the-valley

>see p.66

3
1
2
Chocolate cosmos

>see p.67

1
2
Erigeron

>see p.68

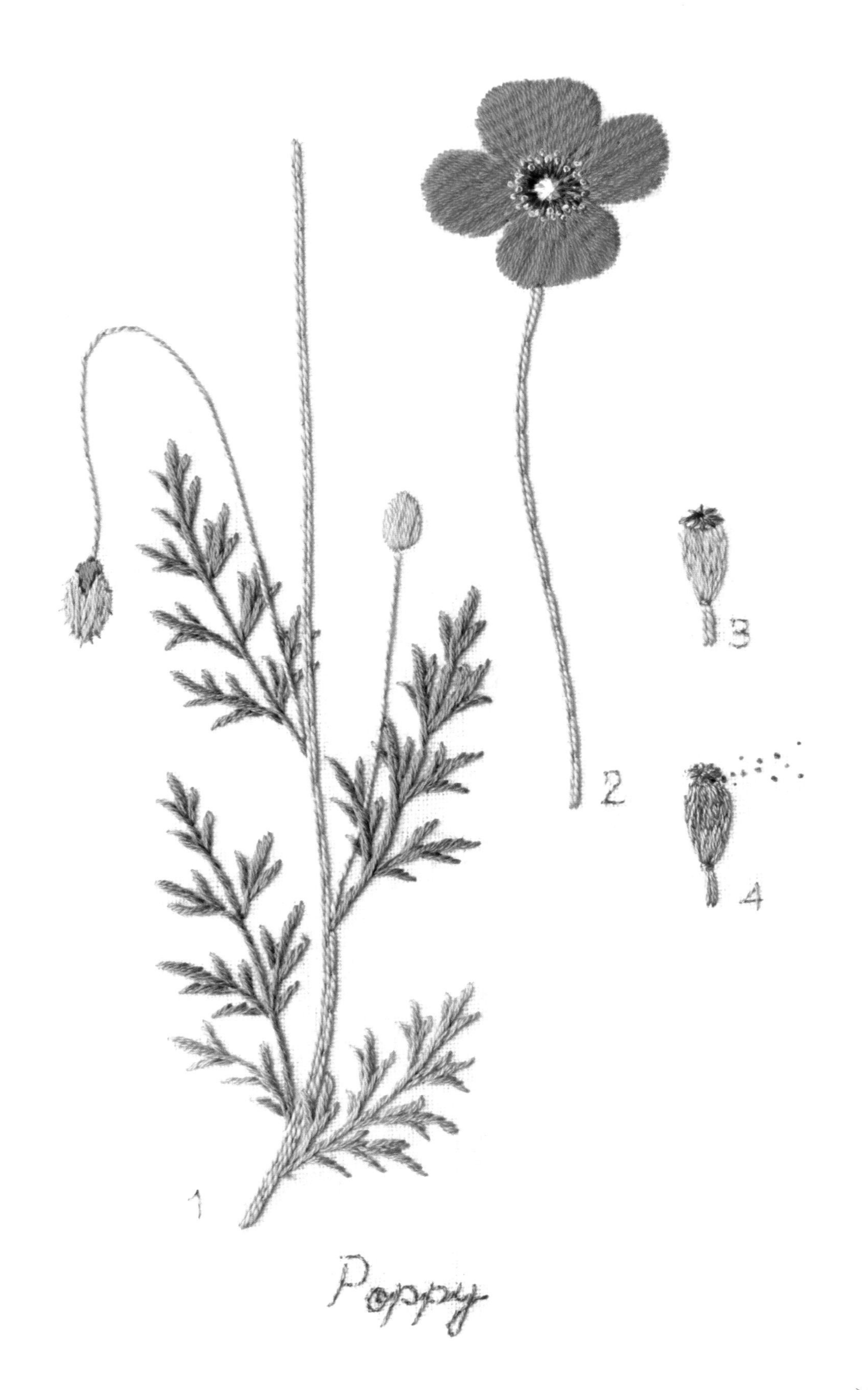
1
2
3
4
Poppy

>see p.69

4
5
2
3
1
Geranium

>see p.70

1
2
3
4
Nicotiana

>see p.71

Blue Flowers

Brachyscome

Blue laceflower

Blue star

Ageratum

>see p.72

Love-in-a-mist
Flax
Nemophila

>see p.73

The alexandra
rose

在進行刺繡時，

經常會對細節部分感到迷茫，

此時，我便會到庭院中確認花草的顏色及形狀。

此處所說的顏色為葉片與花朵的明暗對比，

而形狀則是指構造，並非外觀。

只要能夠了解這些部分，無論再如何簡化，

都能傳達出花草的精髓。

於是，在一整年與花共處的日子裡，

我明白了，自最初悄悄展開葉片，

至鼓起花苞、綻放花容，

到最後灑下一片為了繁衍子孫的種子，

這一切，正是花草的魅力所在！

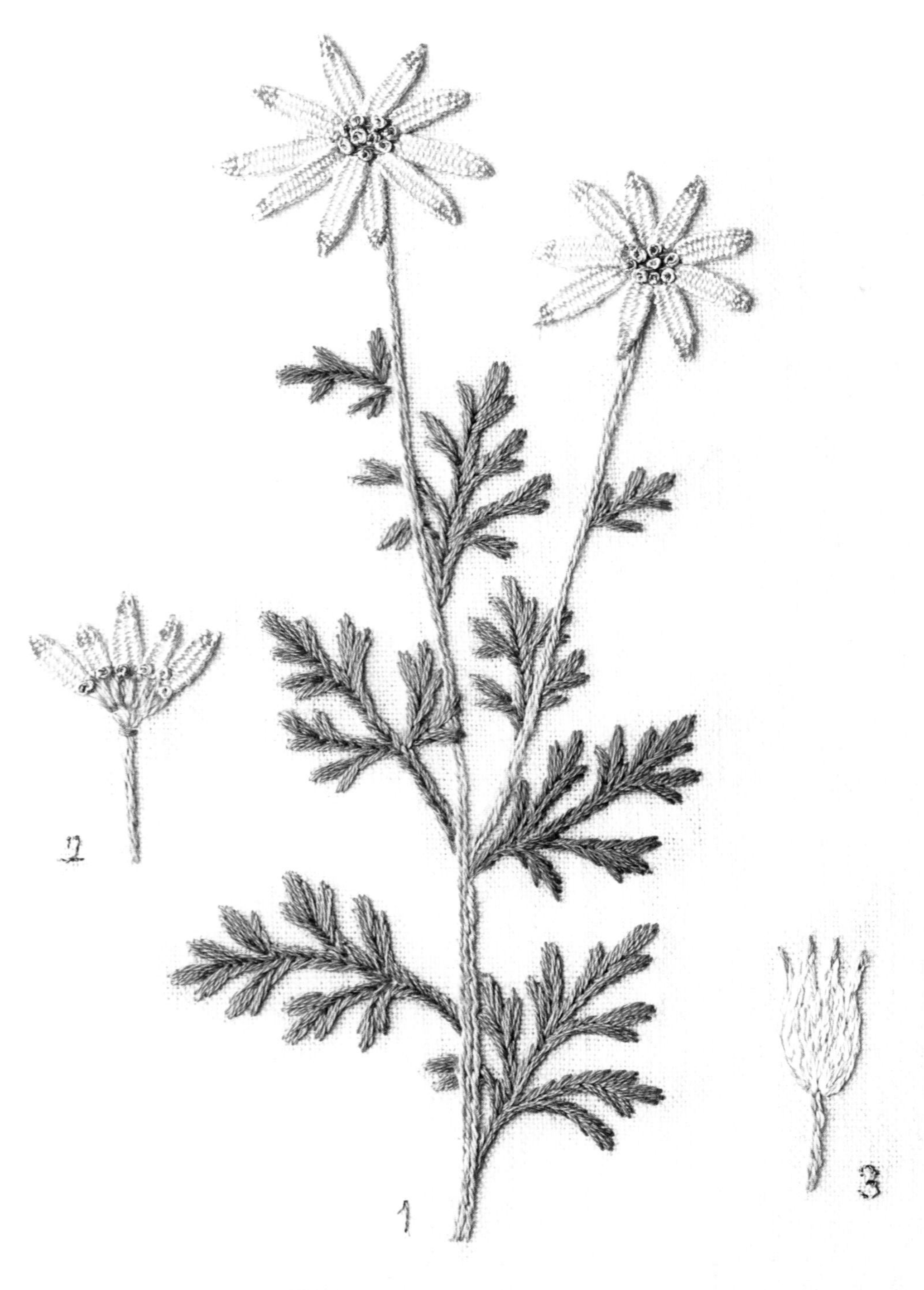
2
1
3

Flannel flower

>see p.74

3
1
2
4

Fritillaria

>see p.75

1
2
Digitalis

>see p.76

1
2
Aegopodium

>see p.77

2
3
1
Zinnia

>see p.78

'Envy'

'Oklahoma Laa'

'Fantastic
Light Pink'

Linearis

>see p.79

2
3
4
1
Linaria

>see p.80

2
3
1
Cosmos

>see p.81

Clovers
Red clover
Shamrock
Black clover

>see p.82

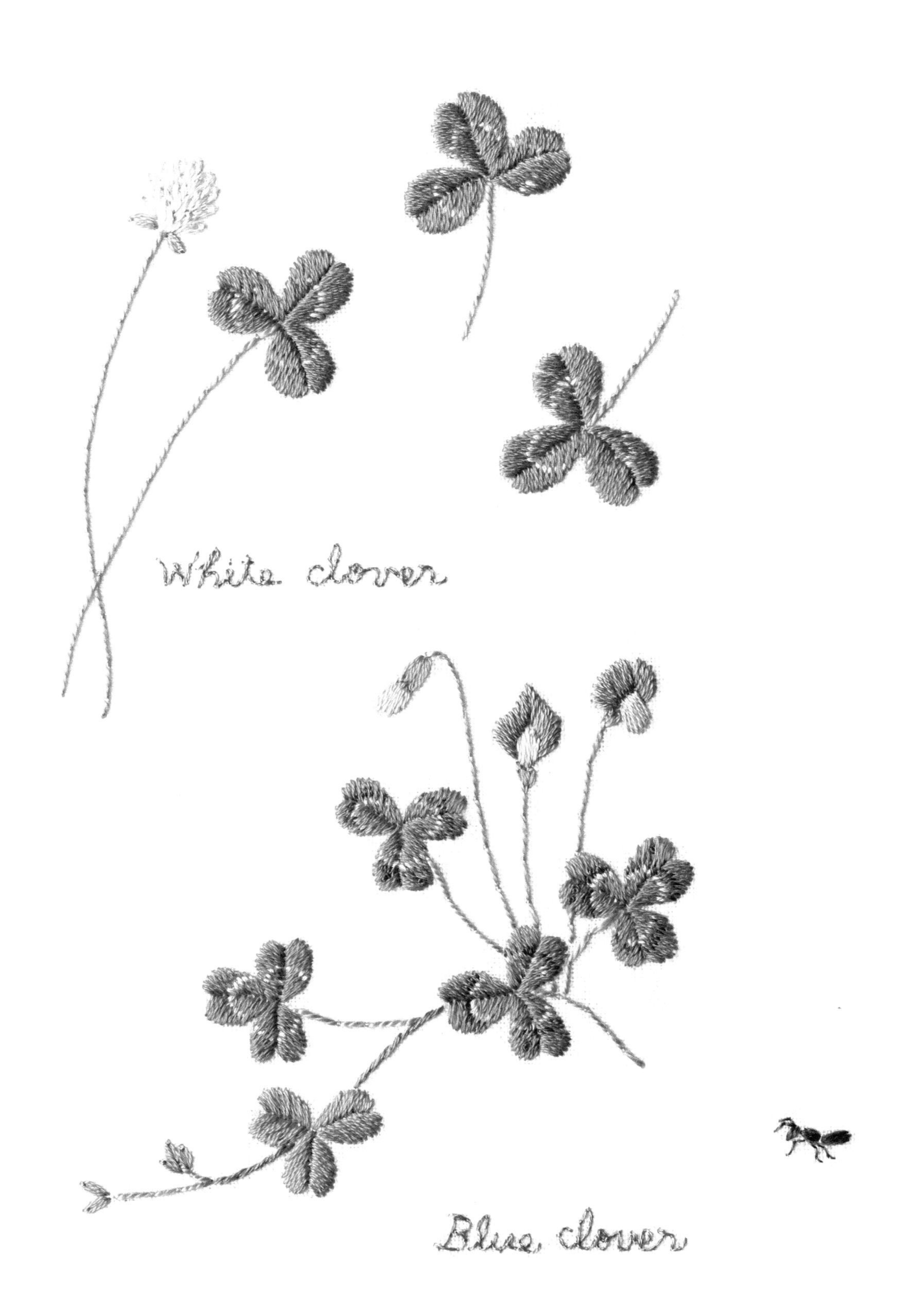
White clover
Blue clover

>see p.83

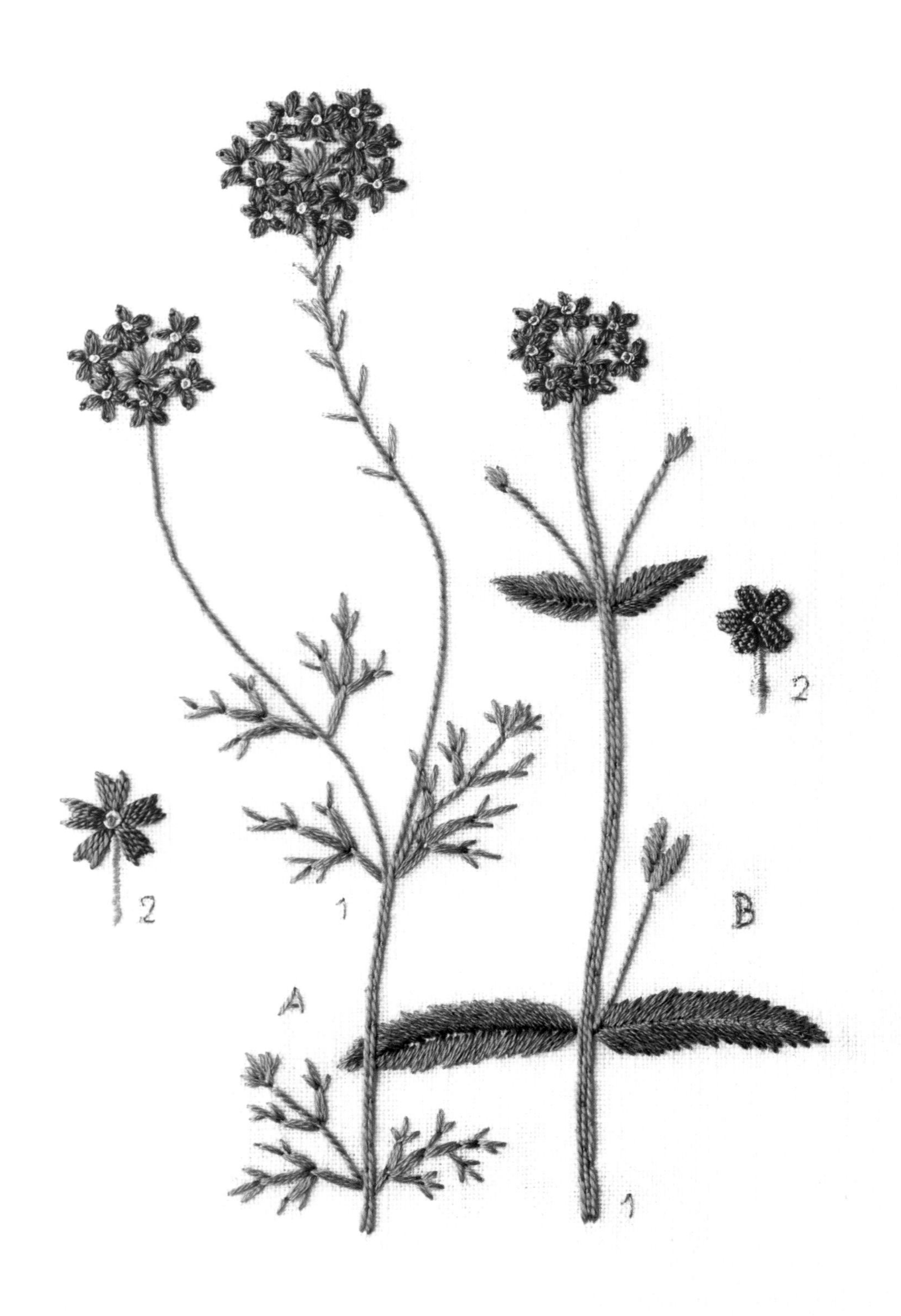
2
1
2
B
A
1
Verbena

>see p.84

1
2
3

Clematis

>see p.85

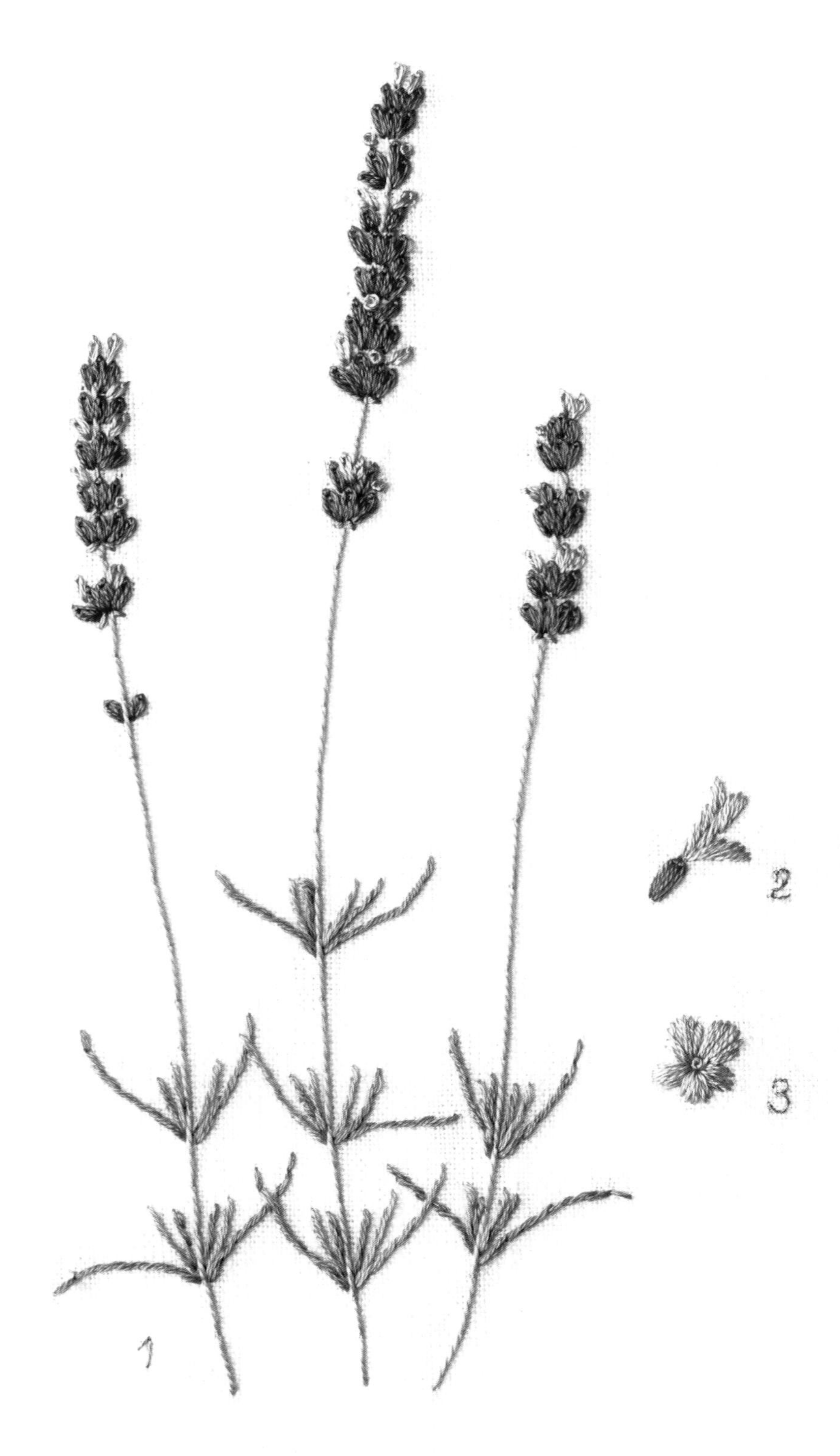
2
3
1
Lavender

>see p.86

L. pinnata
L. dentata
L. stoechas

>see p.87

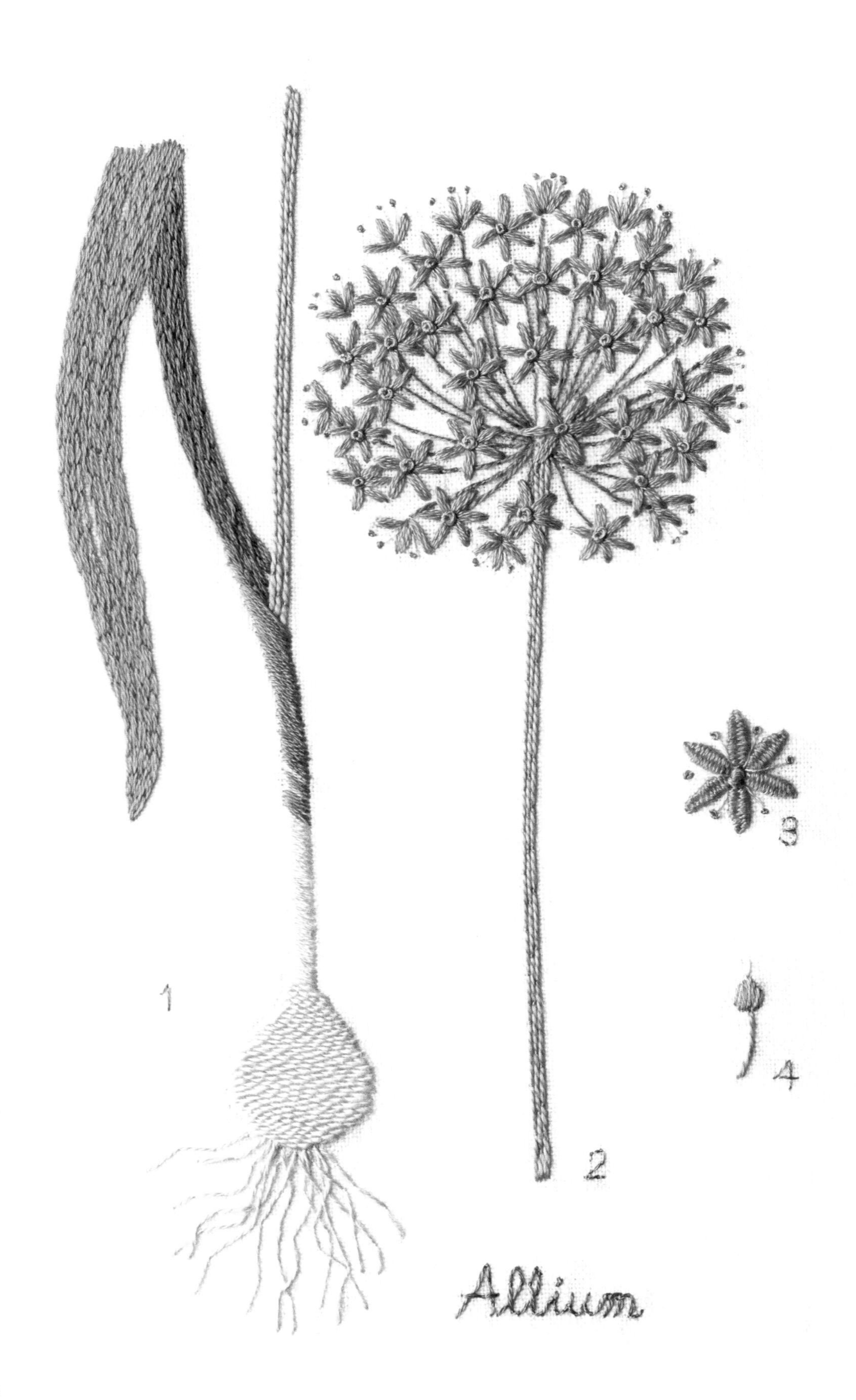
1
2
3
4
Allium

>see p.88

2
3
1
Lady's mantle

>see p.89

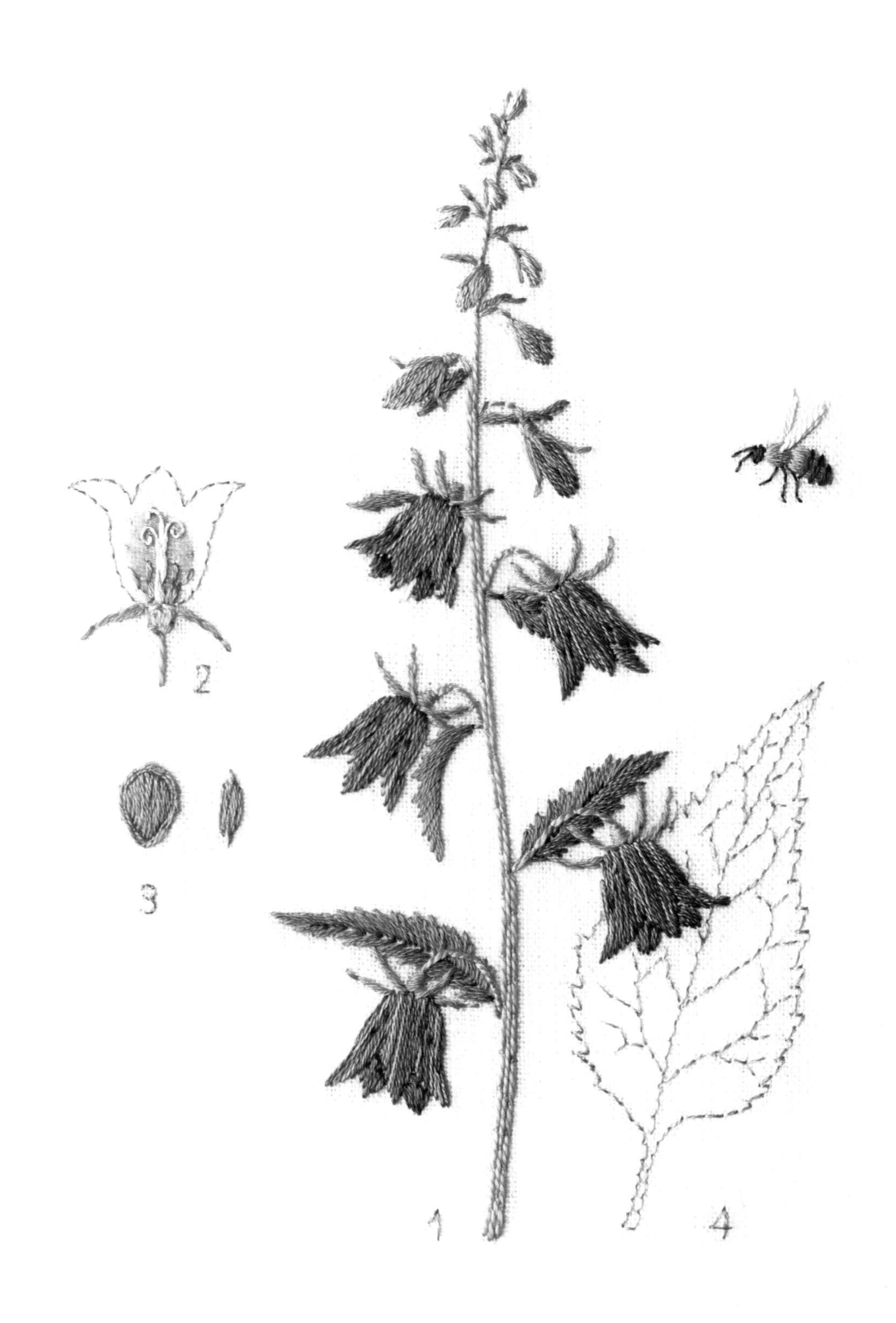
2
3
1
4
Campanula

>see p.90

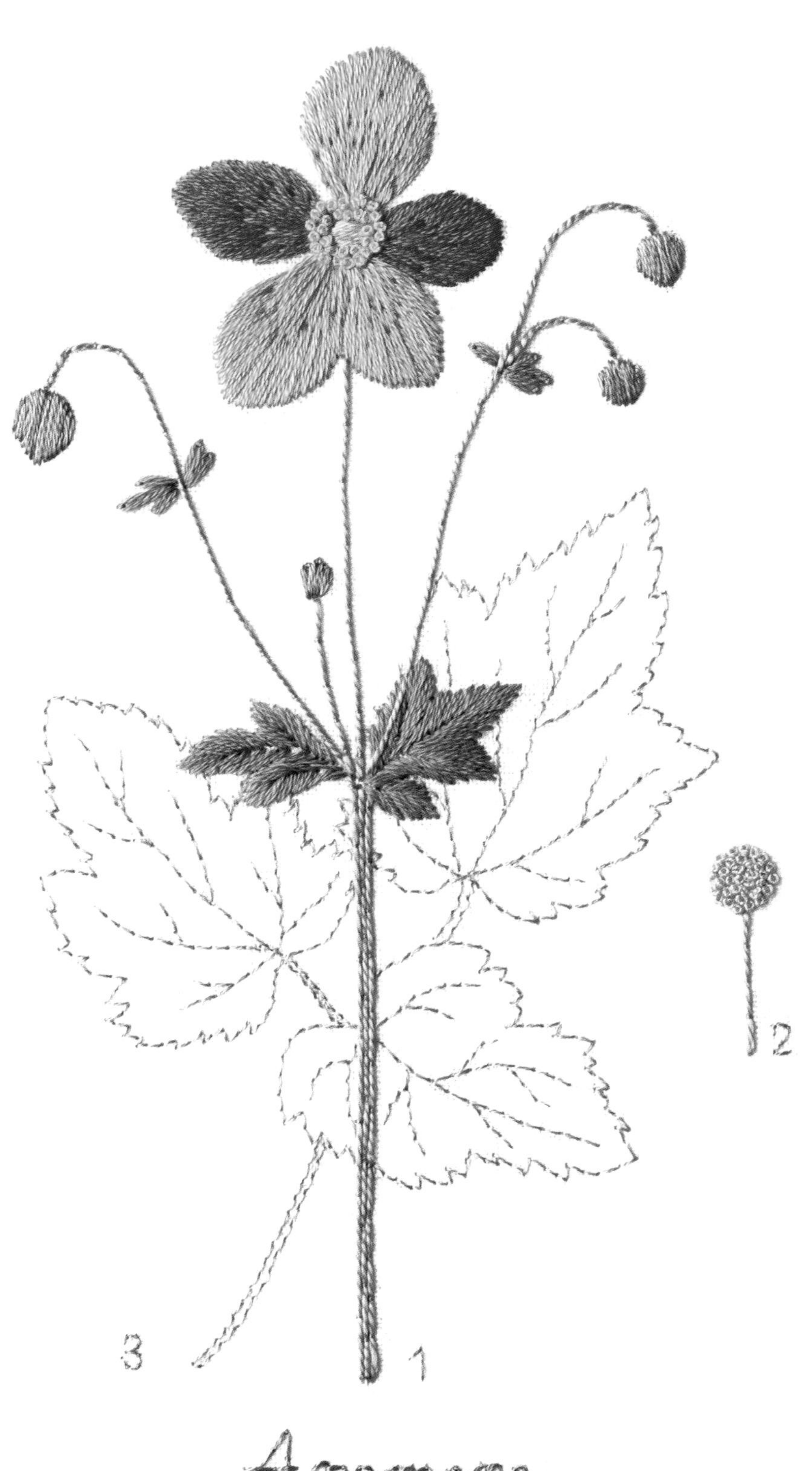
2
3
1
Anemone

>see p.91

Garden Jewels

Juneberry

Yatsude

Hypericum

Myrtle

Rose hip

>see p.92

Nantan

Aoki
Blackberry
Kokuryu
Snowberry

>see p.93

3
2
4
1
Wild strawberry

注意事項

＊ 繡線

本書主要使用DMC繡線。5號、8號繡線及麻繡線為1股線，可直接使用。25號則是以6股細線輕撚成1束的繡線，因此需先剪成使用長度（50至60㎝最方便使用）再從中一一抽出，並配合指定股數使用（本書無特別指定皆為3股線）。

將2色以上的繡線合併後，同時穿過繡針進行刺繡的動作稱為「混色」；藉由顏色的互相混合，便可有效增加圖案深度。

本書作品中釘線繡的部分為避免釘於上方的縫線過於醒目，因此若無特別指定即代表需取25號繡線1至3股進行作業。另外，5號繡線需配合1股同色25號繡線釘固，麻線則需以1股近似色25號繡線釘固。

＊ 刺繡針

繡線與刺繡針的關係極為重要，因此請務必挑選符合繡線粗細的繡針使用，需使用針尖銳利的刺繡針！

5號繡線1股……法國刺繡針No.3至4
8號繡線1股……法國刺繡針No.5至6
25號繡線2至3股……法國刺繡針No.7
25號繡線1股……細縫針
麻繡線1股……法國刺繡針No.7

＊ 布料

本書作品皆使用100％麻布，並將圖案繡於中央寬30㎝、長40㎝（約A3尺寸）的長方形內。留白部分需視最後成品的樣式而定，但若是想裝入背板或鑲嵌畫框，便需事先於圖案周邊預留10㎝以上的留白空間。

繡布背面必需加貼單面布襯（中厚），如此便可避免繡布拉伸或是將背面繡線拉至正面，進而使成品更為美觀。

＊ 圖案

本書所附圖案皆為原寸。首先需將圖案轉描至描圖紙上，接著將複寫紙（建議使用灰色）與已繪上圖案的轉描紙，及玻璃紙依序疊於繡布正面，再以手工藝鐵筆將圖案轉描至繡布上。

＊ 繡框

進行刺繡時，若將繡布綳於繡框上便能順利進行作業，繡出的成品也較美觀。小型作品可使用圓形繡框，但較大型的作品便需依其尺寸使用文化繡專用的四角形繡框。

＊ 我的小祕訣　繡花時的注意事項

・　無論是依照莖→枝→花的順序刺繡或是刺繡葉片，皆需一邊觀察整體狀況一邊進行作業。花莖需使用5號繡線且多以釘線繡刺繡，同時為了使其對齊於花朵中央，請由上往下走針。另外，作品中可以曲線為花莖增添少許柔和感，使較筆直的線條顯得更自然，請注意，整體結構為根部粗、枝芽細！

・　花朵需由外向中心刺繡，花瓣需起自正中央並於左右兩側結尾。小型花朵（勿忘我等）也需以中央、右、左的順序進行作業，如此才較容易成形。中央花蕊、雄蕊、雌蕊則需最後縫上，以營造出蓬鬆的質感。

・　葉線的繡法需根據種類決定。但紡錘型的葉片需自葉尖向葉柄走針，作業前需先在腦海中估算該以多少角度刺繡才能收攏，當然有時也需在途中慢慢變換角度。

・　無論製作何種刺繡作品，於作業前先在腦海中勾勒出成品模樣為相當重要的流程。例如，需先想出該作品要呈現的氛圍或是柔和的感覺。只要作品愈接近心中的形象，儘管其與原圖不符、針法不同，但依舊是最符合自己所感的刺繡作品。

・　若實體花草具有多種不同顏色，可變換色線進行刺繡。不過在此建議，可選用自己喜愛的近似色，如此成品的效果會較使用與花同色的繡線更佳。

繡法

平針繡

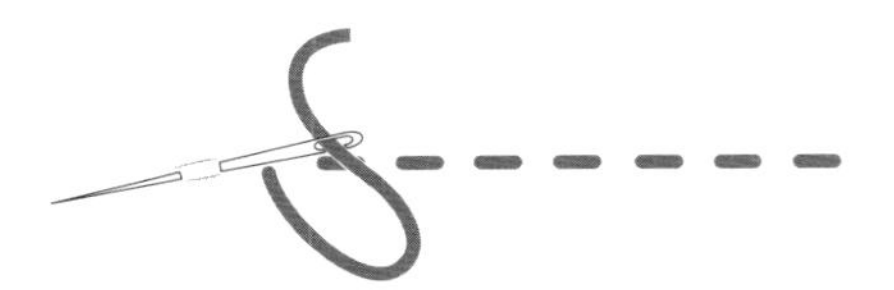

進行刺繡但不想過於醒目時，可採用平針繡。

輪廓繡

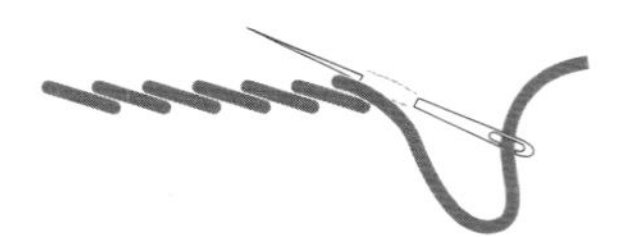

可繡出具有分量感與質感的線條。有時也會以並排輪廓繡作成緞面繡。通常用於莖部與根部的刺繡。

直線繡

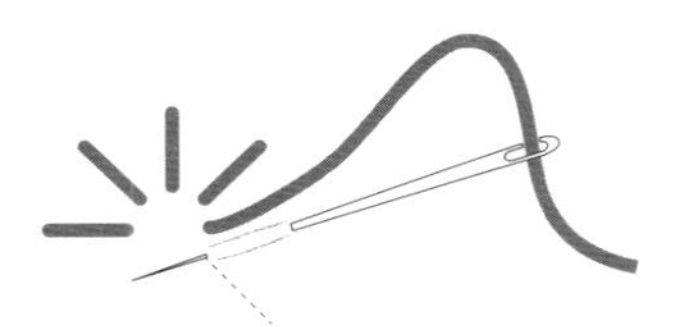

雖然直線繡的針腳簡單，但可因使用方法為刺繡帶來生命力。通常使用於細花瓣及植物細部的刺繡。

緞面繡

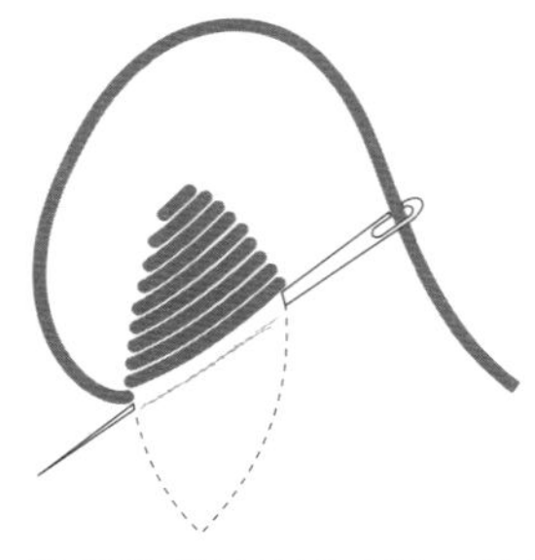

緞面繡針腳平坦且具有光澤，所以非常適合刺繡花瓣。同時也會使用於刺繡葉片，只要每條繡線的緊度一致，便能繡出漂亮的圖案。

回針繡

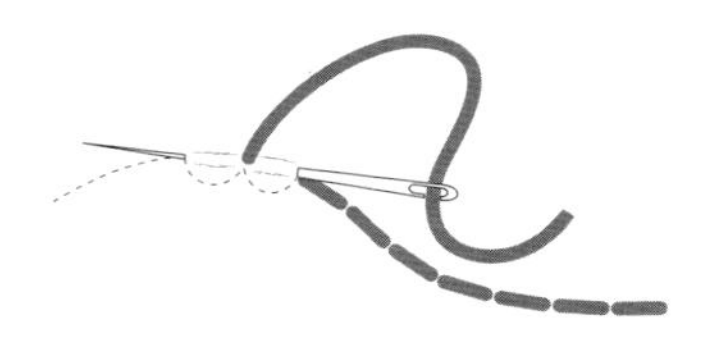

用於線繡，可繡出極為清爽的線條。刺繡曲線時可縫出細膩的針腳，因此通常使用於刺繡葉柄或莖頂等部位。

釘線繡

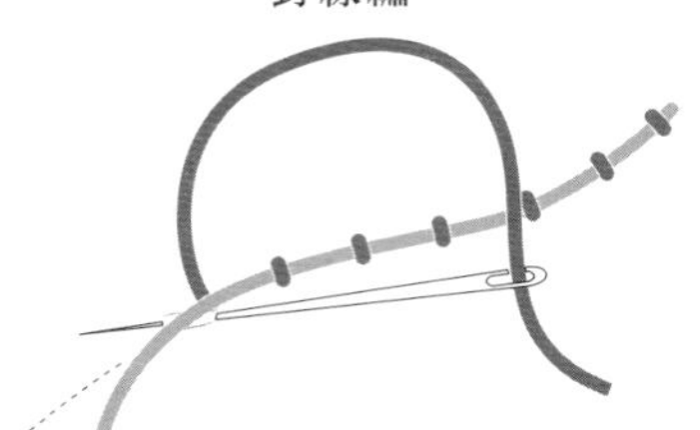

因為可繪出自由的線條，所以也能繡出細體文字。花莖處需使用5號繡線表現出強勁的力道，若能壓緊下方繡線便能形成美麗的線條。

裂線繡

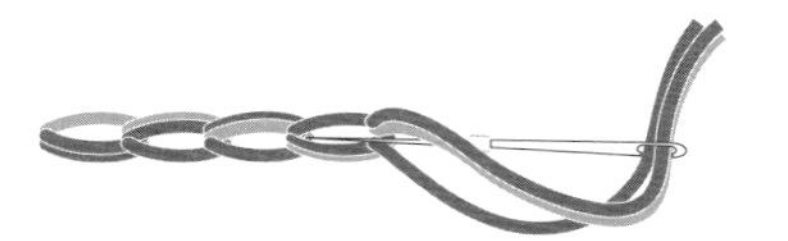

裂線繡經常會並排縫製以構成面繡。以裂線繡並排刺繡葉片等寬面積部位也不會產生重量，針腳稍微放長便可繡出平坦的紋路。

長短針繡

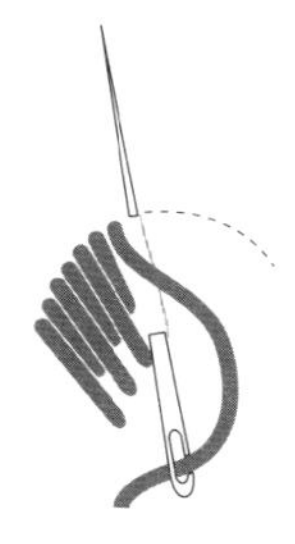

經常用於刺繡大面積花瓣（大三色堇等）。需從圖案的外側出針、中心入針。

飛羽繡

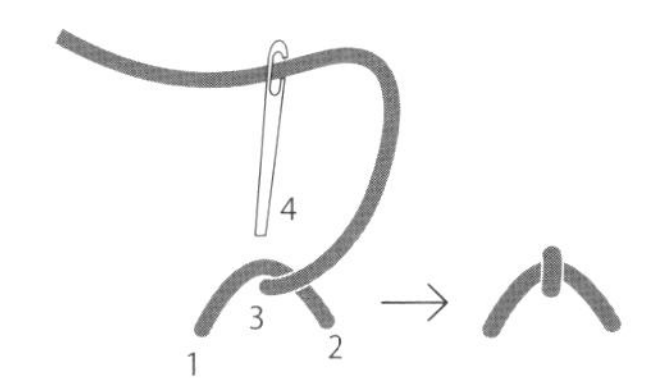
4
3
1
2

主要用於縫製花萼以包裹花苞，延長上方的固定線便也可表現出花莖的模樣。

葉形繡

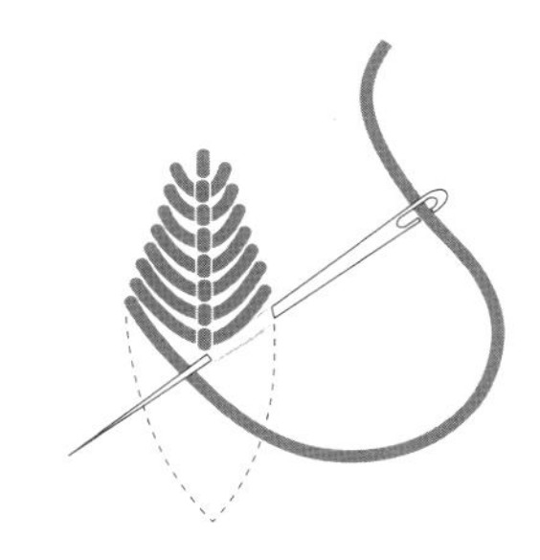

可同時繡出葉脈的便利針法。訣竅在於需以V字形進行刺繡，並在最後構成葉片形狀。

結粒繡

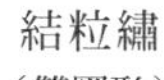

（雙圈形）

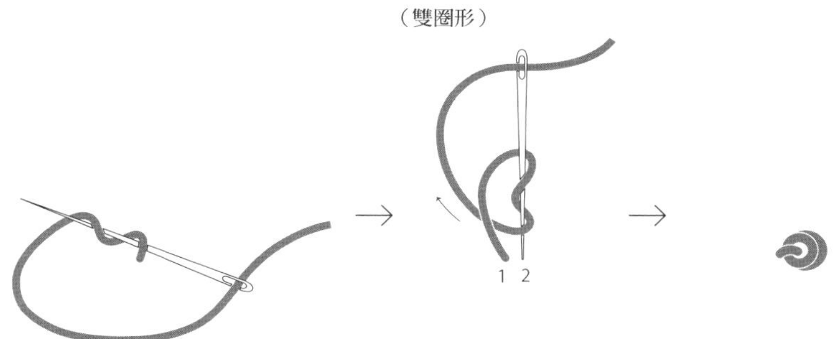
1 2

使用於刺繡花蕊或小花苞、種子等部分。根據不同的拉線方式可繡出堅硬感的小球粒，也可繡出蓬鬆感的小球粒。

鎖鍊繡

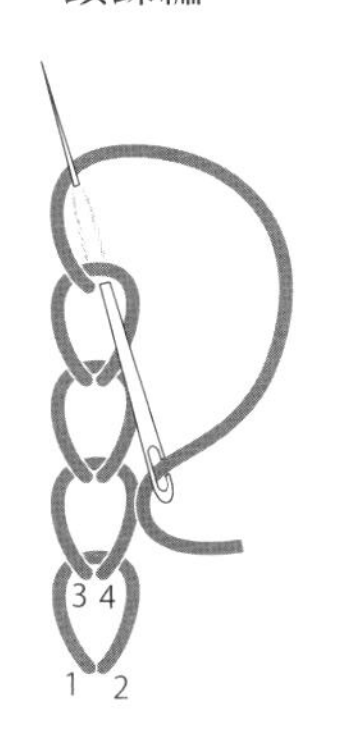
3 4
1 2

此次作品中並無使用到鎖鍊繡。不過鎖鍊繡只要加強拉線的力道鍊圈便會變細，因此可使用於需表現出分量感的線繡上。

雛菊繡

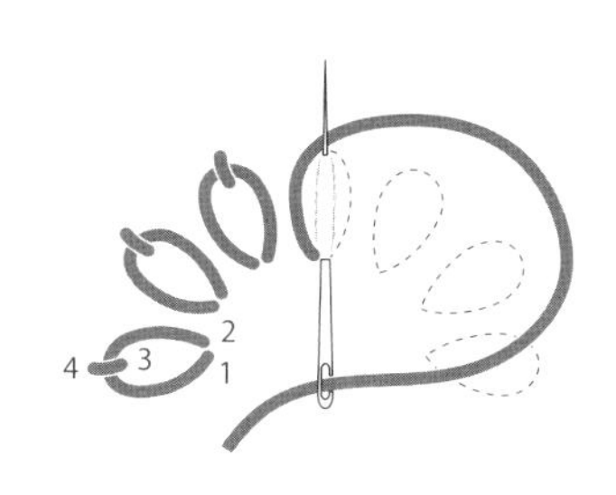
4
3
2
1

使用於刺繡小花瓣或花萼等部分。有時也會與直線繡組合以填滿中央的空間，可藉由拉線力道調整形狀。

蛛網繡

A　刺繡寬幅較窄的花瓣時，需使用2股線。使用於刺繡page42-3的花蔥。

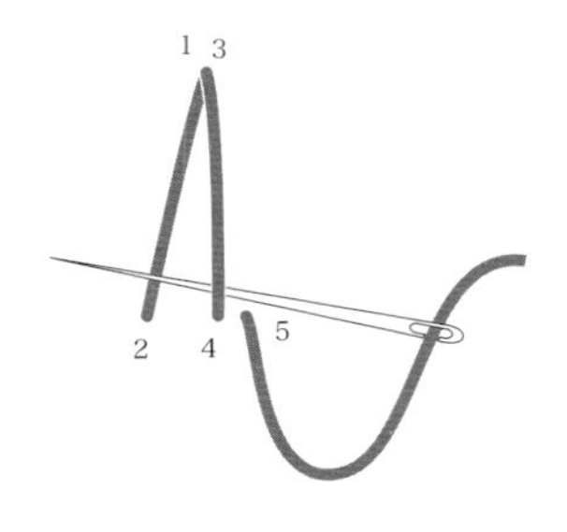
1 3
2 4 5

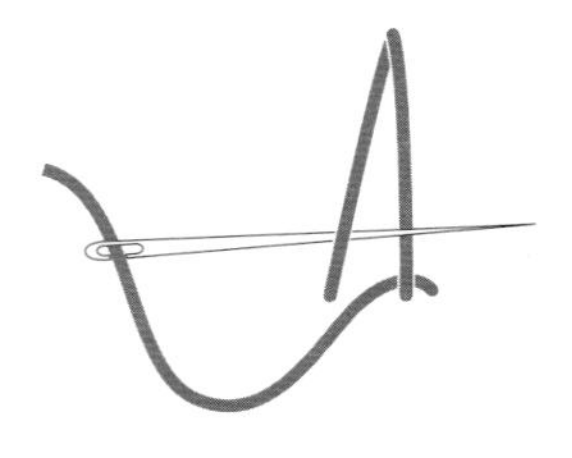

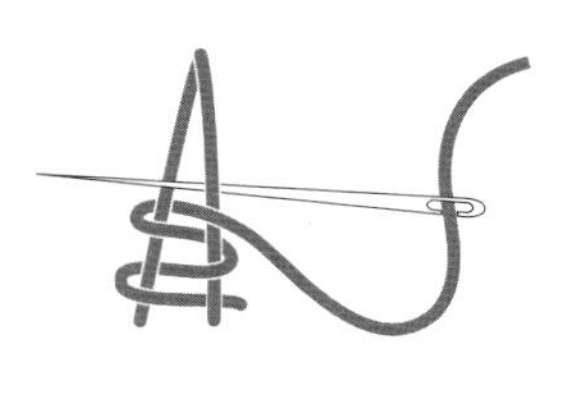

B　刺繡野莓（page16）等尖端較尖的花瓣與蜜蜂（page25）的翅羽時，需使用3股線。

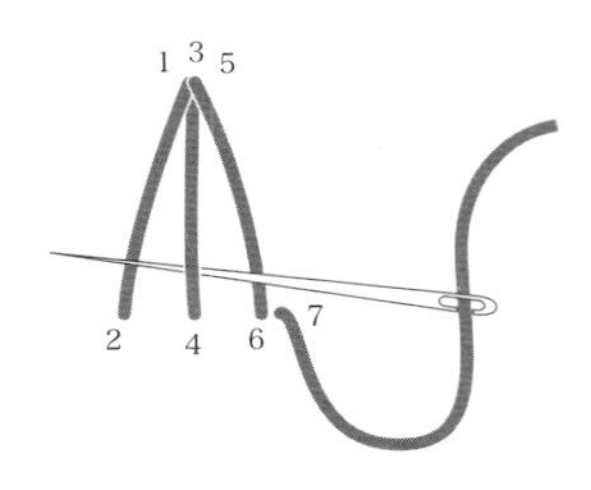
1 3 5
2 4 6 7

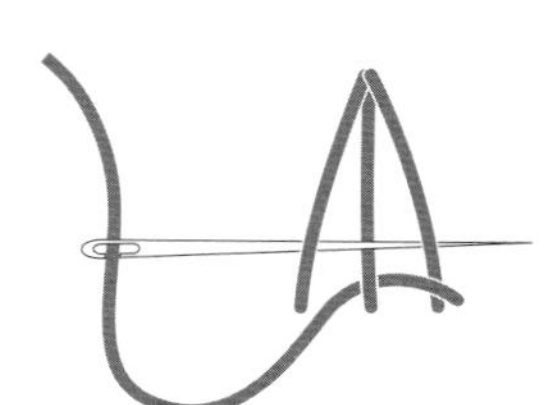

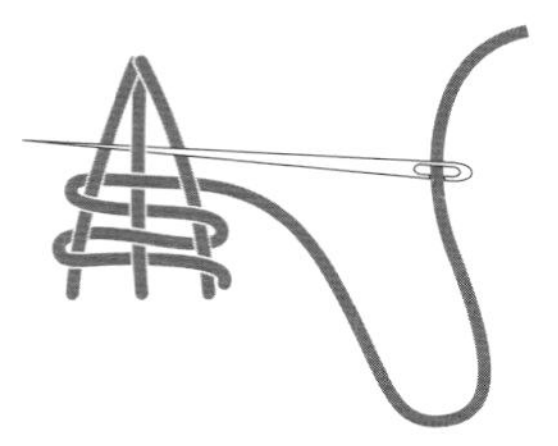

C　若是刺繡如百日草（page32,33）等尖端為平直狀的花瓣時，需先繡出3股線端分離的芯線再進行蛛網繡。

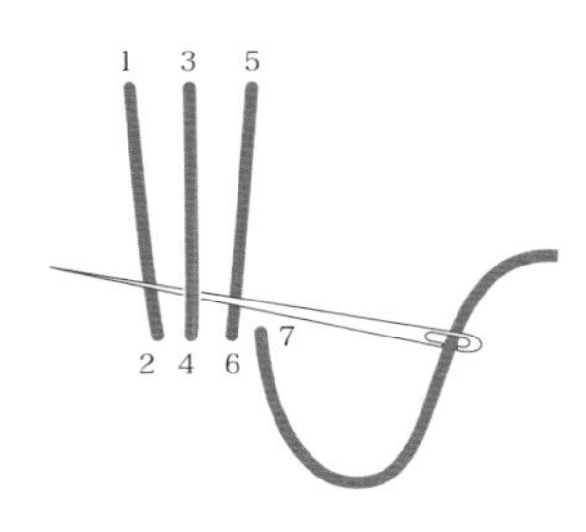
1 3 5
2 4 6 7

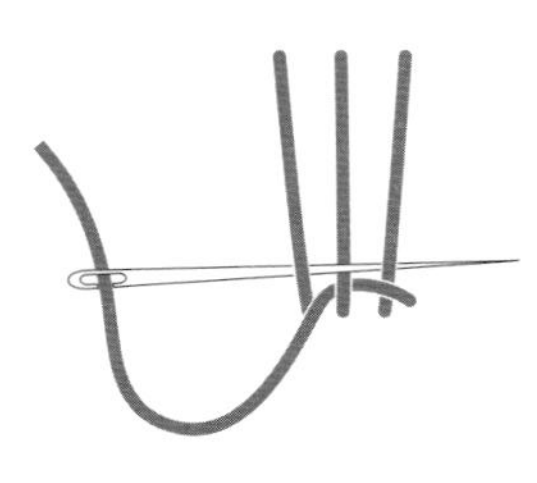

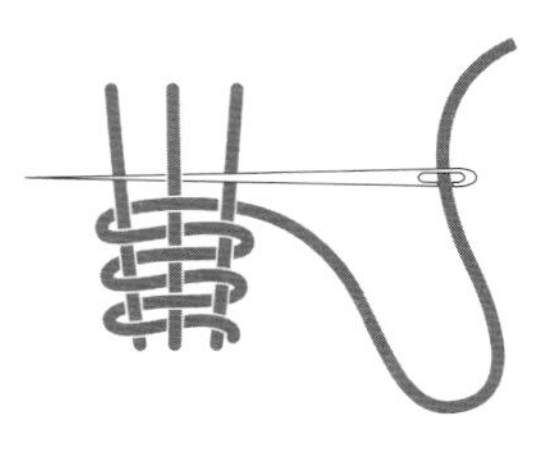

D　刺繡幅度較寬的花瓣時，需配合圖案以5股線構成底部窄、前端寬且具高低差的輪廓。最後一針只需穿過中央3股線，以作出圓弧狀的花瓣尖端。使用於刺繡大波斯菊（page35-2）的花瓣。

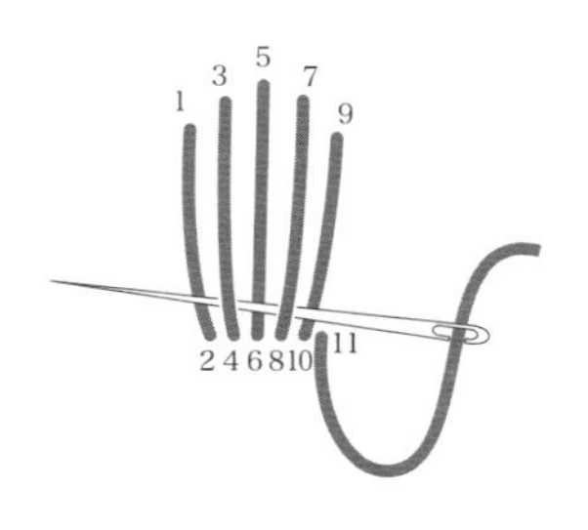
1 3 5 7 9
2 4 6 8 10 11

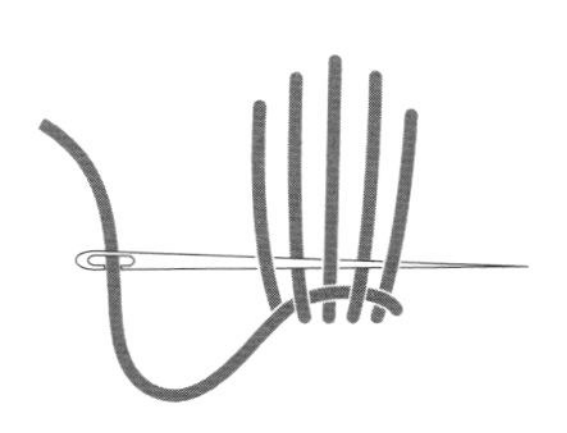

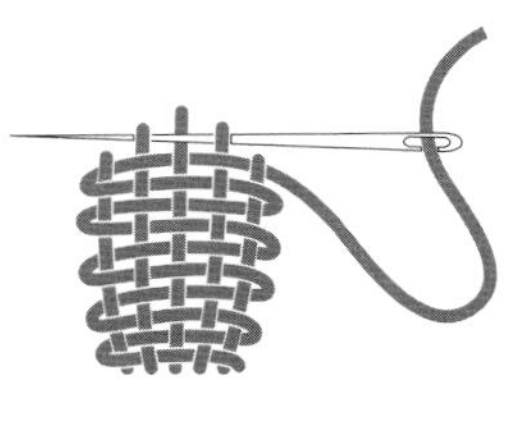

刺繡順序

野莓 page16,64

I

以5號繡線搭配釘線繡，由上至下繡出正中央由2股繡線並排構成的粗花莖。左右側只需繡出細花莖即可。

2

由下至上並排繡出數條輪廓繡以構成根部較粗的部分，完成後再繡出細根部分。接著需先刺繡靠近自己的外側葉片，葉片需從邊緣出針再自中心線處入針。

3

完成裡側的葉片後再依序刺繡花瓣、花苞。花朵正面中心需以緞面繡填滿。

4

完成花萼後再由下至上繡出細花莖，此處花莖需連接至花朵中心。最後再於花蕊周圍繡出一圈結粒繡即可。

百日菊（Envy） page33,79

I

重疊於下方的花瓣需以蛛網繡C的針法刺繡（圖案上無線條的部分也疊有花瓣）。

2

重疊於上方的花瓣也需以蛛網繡C的針法刺繡。完成後再以結粒刺繡滿花蕊部位。

3

最後再以緞面繡填滿中央部位，並於花瓣與花蕊的交界處縫上以5條直線繡構成的星星即可。

科名：堇菜科 / 學名：*Viola × wittrockiana* / 別名：三色堇 原產地：北歐 / 株高：10cm至20cm / 開花期：11月至5月	在寒冷地區可持續綻放的超人氣三色堇，其顏色種類多不勝數，甚至令人難以選擇，每年我皆會一邊思考著花圃的配色，並由種子開始栽培三色堇。

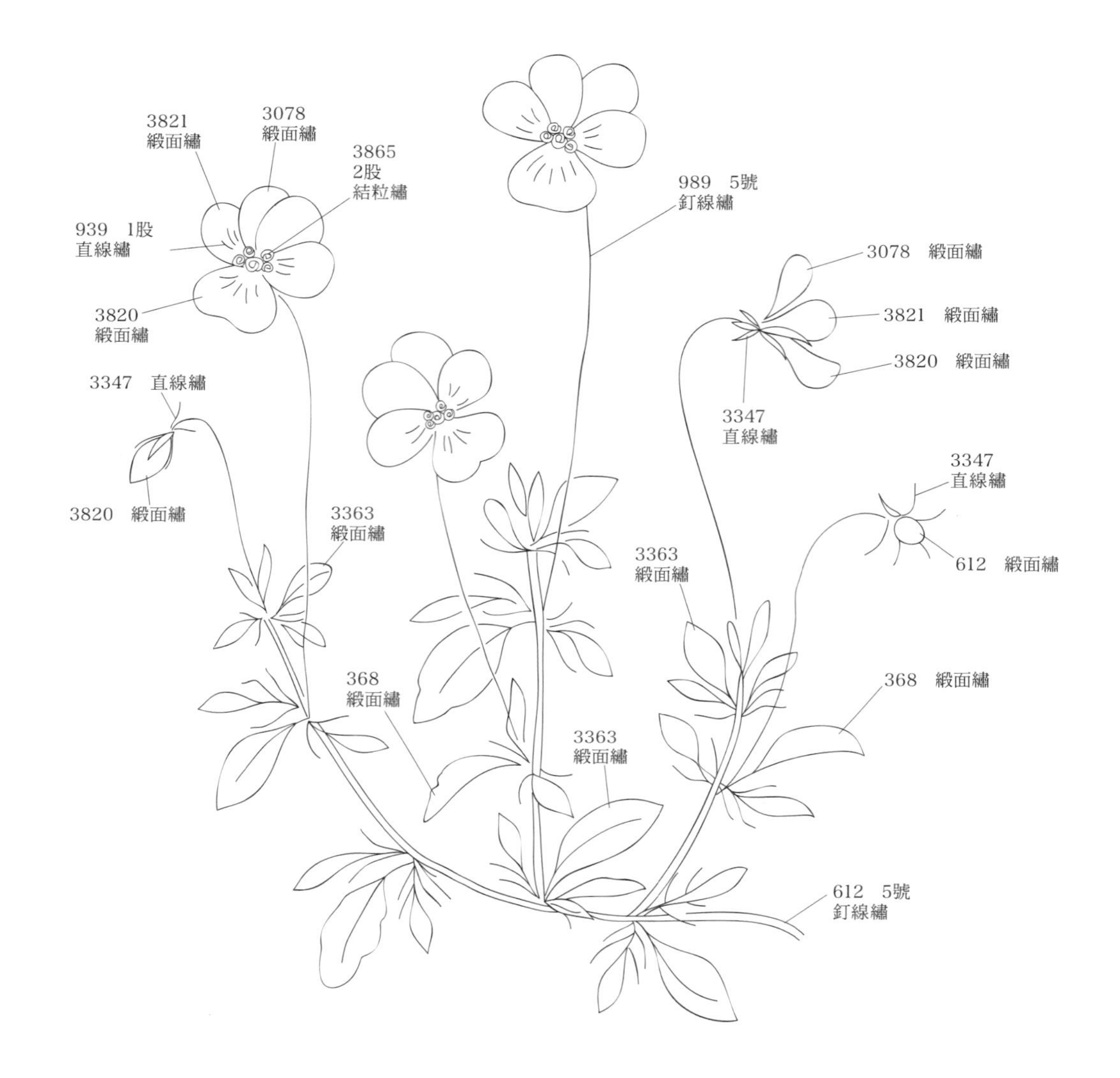

3821
緞面繡
3078
緞面繡
3865
2股
結粒繡
939 1股
直線繡
3820
緞面繡
3347 直線繡
3820 緞面繡
3363
緞面繡
989 5號
釘線繡
3078 緞面繡
3821 緞面繡
3820 緞面繡
3347
直線繡
3347
直線繡
612 緞面繡
3363
緞面繡
368 緞面繡
368
緞面繡
3363
緞面繡
612 5號
釘線繡
646 2股
釘線繡
Viola

page 6

[材 料] DMC繡線25號＝368, 3347, 3363, 3078, 3821, 3820, 3348, 612, 3865, 939, 646　5號＝989, 612

[重 點] 先由外往中心繡出全部的花瓣後，再加入中央的結粒繡。

於花瓣中縫入細線，可使花朵看起來更生動活潑。三色堇為需同時發揮刺繡點、線、面三種技法的花朵。

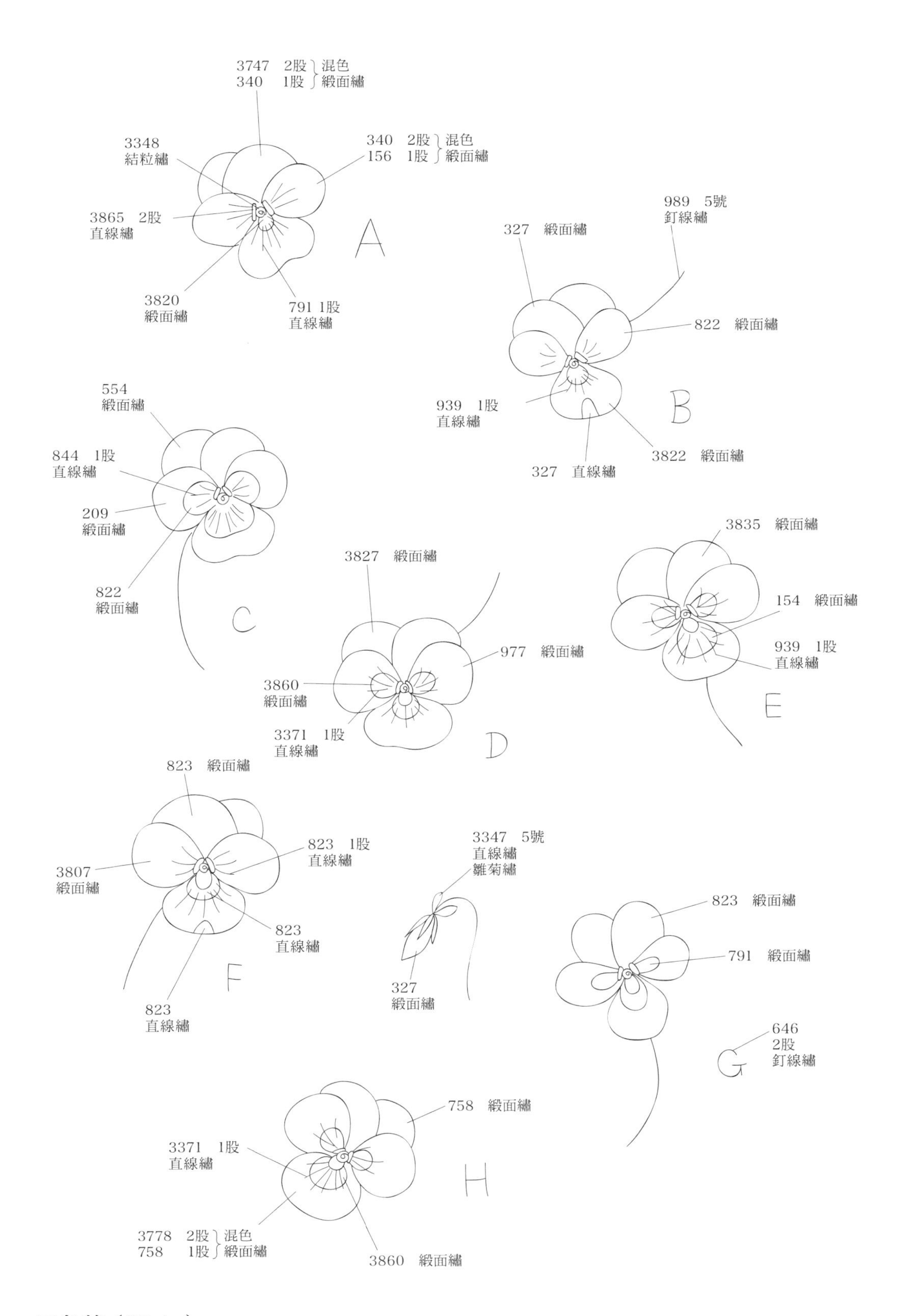
3747 2股 混色
340 1股 緞面繡
3348
結粒繡
340 2股 混色
156 1股 緞面繡
3865 2股
直線繡
A
3820
緞面繡
791 1股
直線繡
989 5號
釘線繡
327 緞面繡
822 緞面繡
939 1股
直線繡
B
327 直線繡
3822 緞面繡
554
緞面繡
844 1股
直線繡
209
緞面繡
822
緞面繡
C
3827 緞面繡
977 緞面繡
3860
緞面繡
3371 1股
直線繡
D
3835 緞面繡
154 緞面繡
939 1股
直線繡
E
823 緞面繡
823 1股
直線繡
3807
緞面繡
823
直線繡
F
823
直線繡
3347 5號
直線繡
雛菊繡
327
緞面繡
823 緞面繡
791 緞面繡
646
2股
釘線繡
G
758 緞面繡
3371 1股
直線繡
H
3778 2股 混色
758 1股 緞面繡
3860 緞面繡

三色堇（Viola） page 7

[材 料] DMC繡線25號＝3747, 156, 340, 791, 327, 3822, 822, 939, 554, 209, 822, 844, 3827, 977, 3860, 3371, 3835, 154, 3807, 823, 791, 823, 758, 3778, 3371, 327　5號＝989, 3347, 646, 3865, 3820, 3348

科名：堇菜科 / 學名：*Viola × wittrockiana* / 別名：三色堇 原產地：北歐 / 株高：10cm至20cm / 開花期：11月至5月	雖然Pansy與Viola較難辨別，但是帶有皺褶紋路的花瓣與具有複雜變化的色彩，皆是Pansy獨有的特色。

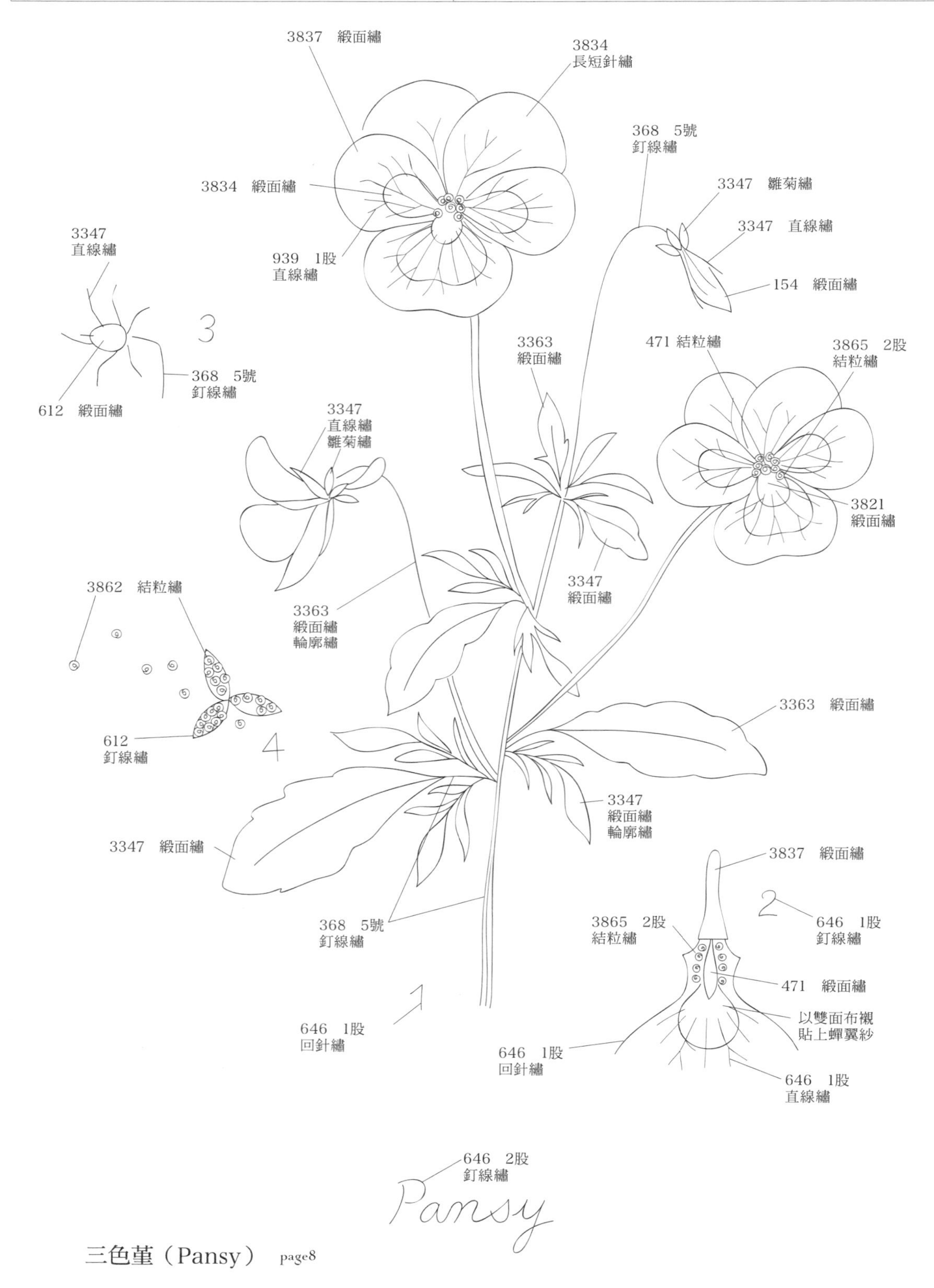

3837 緞面繡
3834
長短針繡
368 5號
釘線繡
3834 緞面繡
3347 雛菊繡
3347 直線繡
3347
直線繡
939 1股
直線繡
154 緞面繡
3
3363
緞面繡
471 結粒繡
3865 2股
結粒繡
368 5號
釘線繡
612 緞面繡
3347
直線繡
雛菊繡
3821
緞面繡
3347
緞面繡
3862 結粒繡
3363
緞面繡
輪廓繡
3363 緞面繡
612
釘線繡
4
3347
緞面繡
輪廓繡
3347 緞面繡
3837 緞面繡
2
3865 2股
結粒繡
646 1股
釘線繡
368 5號
釘線繡
471 緞面繡
以雙面布襯
貼上蟬翼紗
1
646 1股
回針繡
646 1股
回針繡
646 1股
直線繡
646 2股
釘線繡
Pansy

三色堇（Pansy） page8

［材 料］DMC繡線25號＝368, 3347, 3363, 471, 3837, 3834, 154, 3821, 612, 3862, 3837, 3865, 939, 646　5號＝368

［重 點］花瓣中的單股細線不可拉得過緊，需將其輕輕地縫上以呈現蓬鬆感。

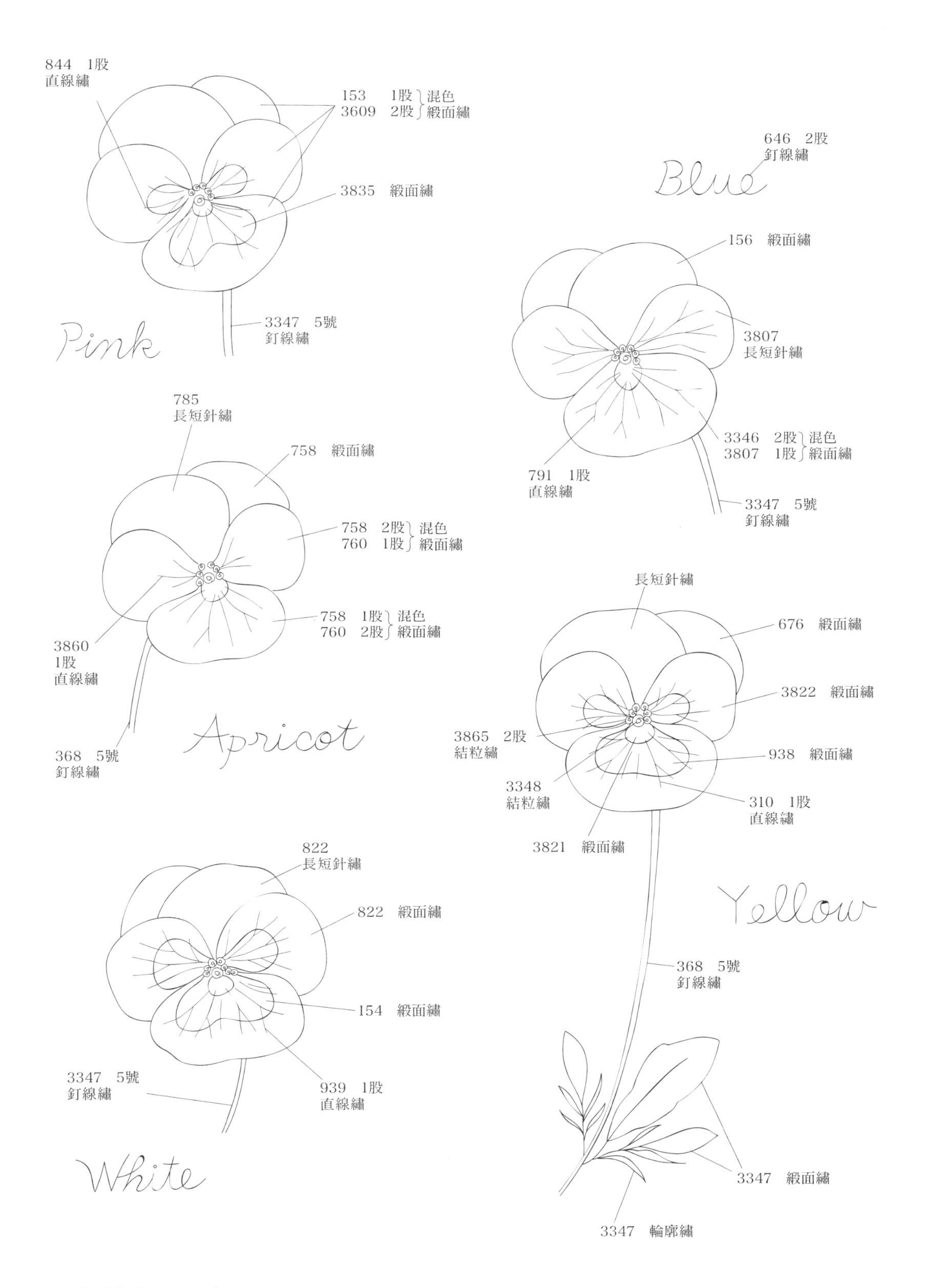
844 1股
直線繡
153 1股
3609 2股
混色
緞面繡
3835 緞面繡
3347 5號
釘線繡
Pink
646 2股
釘線繡
Blue
156 緞面繡
3807
長短針繡
3346 2股
3807 1股
混色
緞面繡
791 1股
直線繡
3347 5號
釘線繡
785
長短針繡
758 緞面繡
758 2股
760 1股
混色
緞面繡
758 1股
760 2股
混色
緞面繡
3860
1股
直線繡
368 5號
釘線繡
Apricot
長短針繡
676 緞面繡
3822 緞面繡
3865 2股
結粒繡
938 緞面繡
3348
結粒繡
310 1股
直線繡
3821 緞面繡
822
長短針繡
822 緞面繡
154 緞面繡
3347 5號
釘線繡
939 1股
直線繡
White
Yellow
368 5號
釘線繡
3347 緞面繡
3347 輪廓繡

三色菫（Pansy） page9

［材 料］DMC繡線25號＝3347, 3348, 3821, 3865, 156, 3807, 3746, 791, 822, 154, 939, 153, 3609, 3835, 844, 758, 760, 3860, 3822, 676, 938, 310, 646, 368, 3347　5號＝368, 3347

科名：菊科 / 學名：*Bellis perennis* / 別名：雛菊 原產地：歐洲、土耳其 / 株高：10至15cm / 開花期：3月至7月	樣本採自古以來戀愛占卜中所使用的「英國雛菊」。 花瓣呈透明粉紅色，看起來像有粉紅鑲邊。

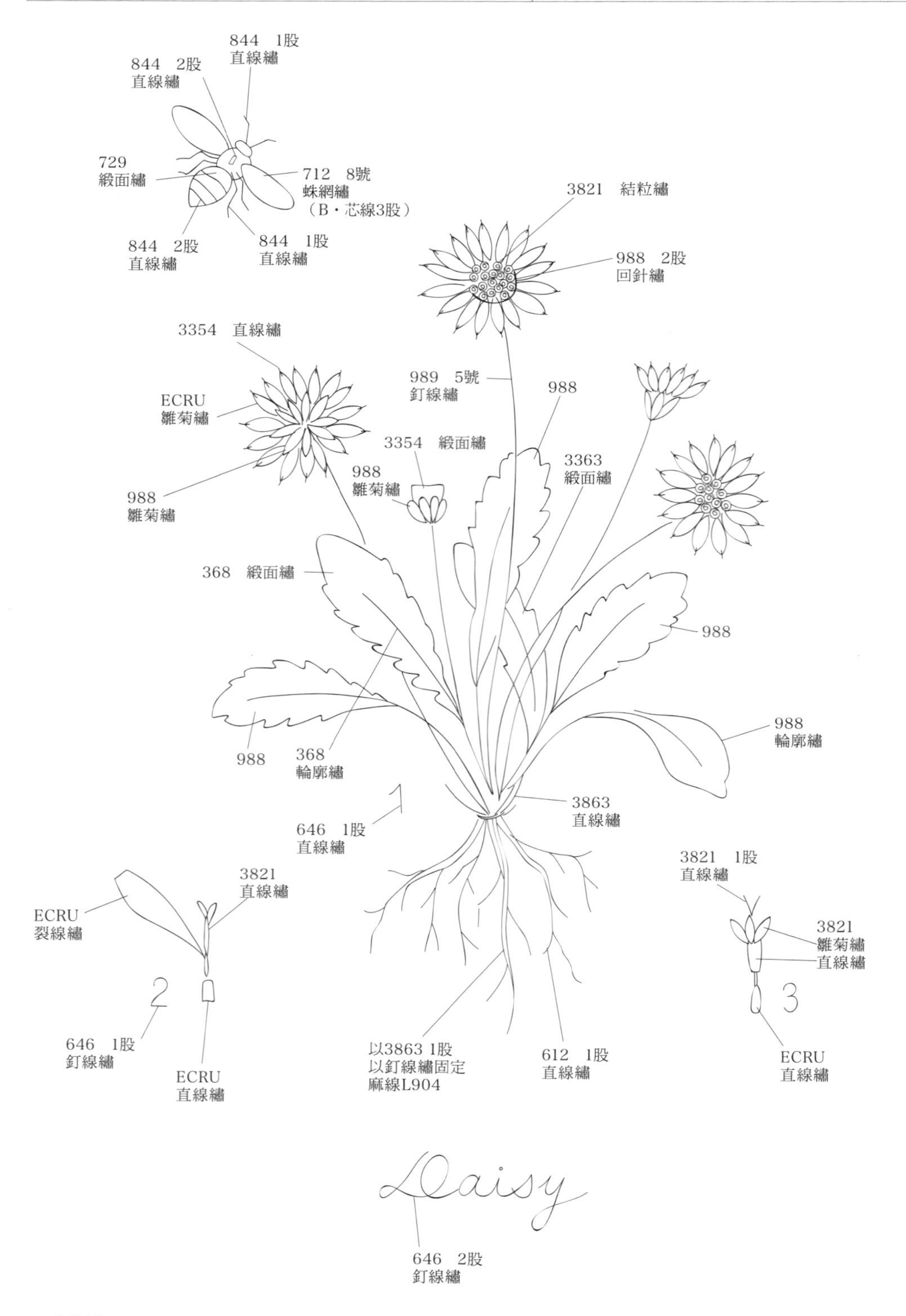
844　1股
直線繡
844　2股
直線繡
729
緞面繡
712　8號
蛛網繡
（B・芯線3股）
844　2股
直線繡
844　1股
直線繡
3821　結粒繡
988　2股
回針繡
3354　直線繡
ECRU
雛菊繡
989　5號
釘線繡
988
3354　緞面繡
988
雛菊繡
3363
緞面繡
988
雛菊繡
368　緞面繡
988
988
輪廓繡
988
368
輪廓繡
3863
直線繡
646　1股
直線繡
3821　1股
直線繡
3821
直線繡
ECRU
裂線繡
3821
雛菊繡
直線繡
2
3
646　1股
釘線繡
ECRU
直線繡
以3863 1股
以釘線繡固定
麻線L904
612　1股
直線繡
ECRU
直線繡
Daisy
646　2股
釘線繡

雛菊　page10

［材 料］DMC繡線25號＝988, 368, 3363, 3821, ECRU, 3354, 3863, 646, 612, 729, 844　5號＝989　8號＝712
AFE麻繡線＝L904

［重 點］觀察莖葉的重疊部位，按照順序刺繡。花瓣處需於白色雛菊繡的尖端加上粉紅色的直線繡針腳。

科名：紫草科 / 學名：*Myosotis sylvatica* / 別名：蝦夷紫 原產地：歐洲、亞洲 / 株高：10至40cm / 開花期：5月至7月	自然散落的種子遍佈滿地，春天的經典藍色小花。雖然一株株的小花很不起眼，但整片群生的勿忘我，便是一片亮麗的水色美景！

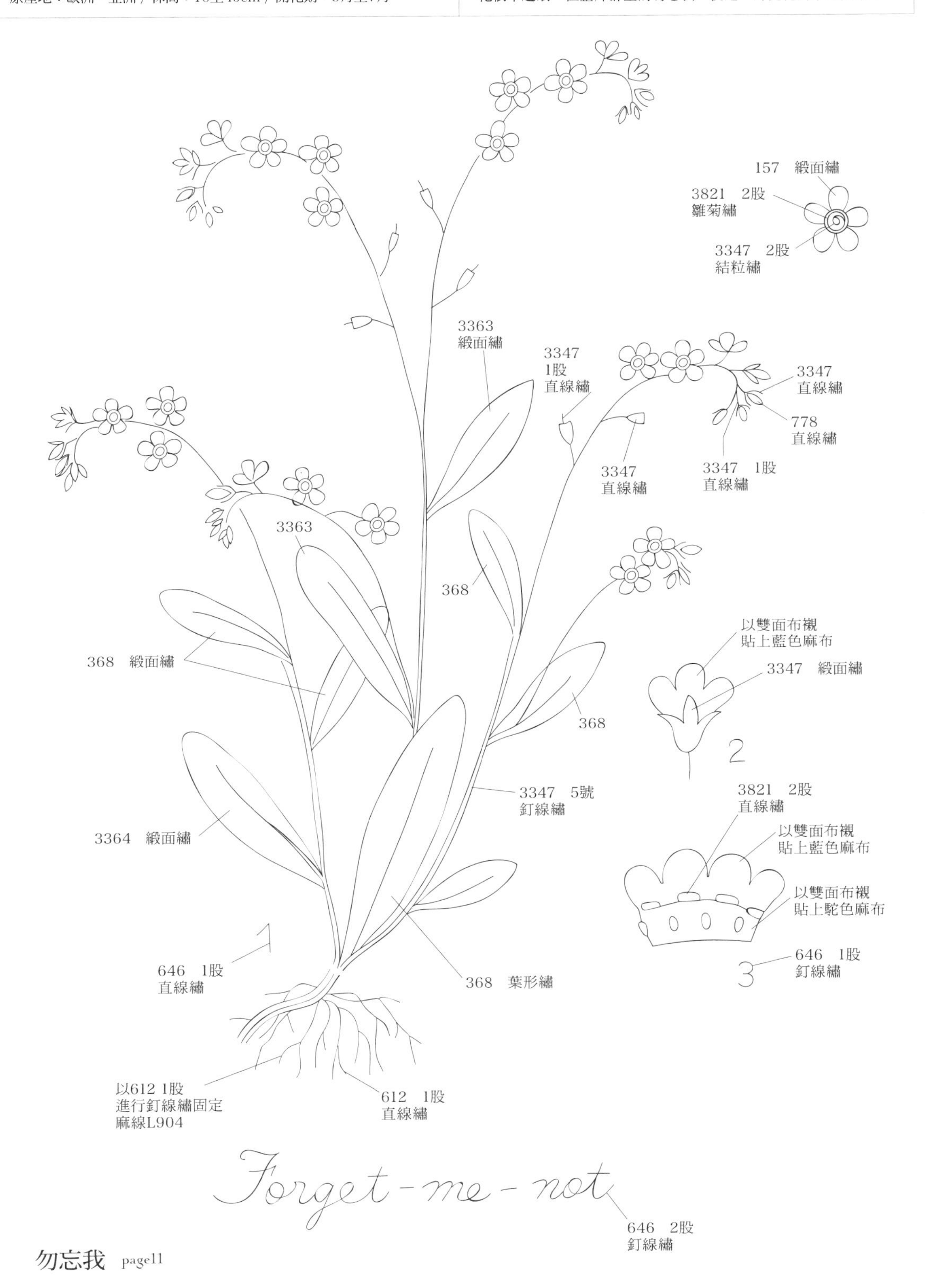

157 緞面繡
3821 2股
雛菊繡
3347 2股
結粒繡
3363
緞面繡
3347
1股
直線繡
3347
直線繡
778
直線繡
3347
直線繡
3347 1股
直線繡
3363
368
368 緞面繡
以雙面布襯
貼上藍色麻布
3347 緞面繡
368
2
3347 5號
釘線繡
3821 2股
直線繡
3364 緞面繡
以雙面布襯
貼上藍色麻布
以雙面布襯
貼上駝色麻布
1
646 1股
直線繡
368 葉形繡
3
646 1股
釘線繡
以612 1股
進行釘線繡固定
麻線L904
612 1股
直線繡
Forget-me-not
646 2股
釘線繡

勿忘我 page11

[材 料] DMC繡線25號＝3347, 368, 3363, 3364, 157, 778, 3821, 612, 646　5號＝3347　AFE麻繡線=L904（也可使用2股DMC25號612繡線）　別布＝麻（藍色、駝色）少許　雙面布襯＝少許

[重 點] 花瓣先於中心繡出單股線後，再往左右兩側慢慢增加，如此便能輕鬆構出小花瓣的形狀。

科名：薔薇科/ 學名：*Rosa* 原產地：北半球 / 株高：1至2m / 開花期：5月至11月	被譽為花之女王的玫瑰，是我庭園中不可或缺的華麗主角。 香氣也很特別，樣本取自「愛麗珊德拉玫瑰（The Alexandra Rose）」。

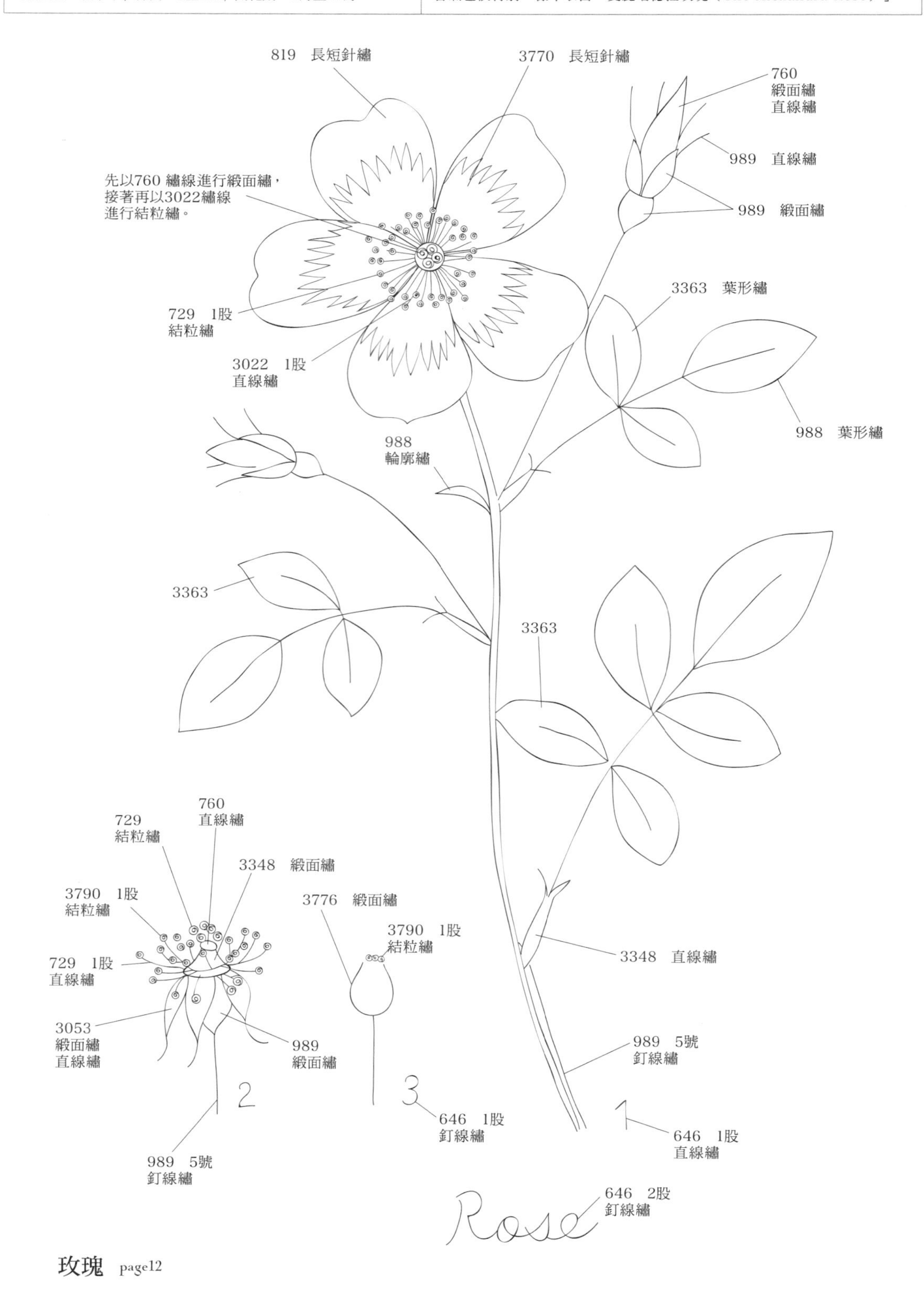

819 長短針繡
3770 長短針繡
760
緞面繡
直線繡
989 直線繡
989 緞面繡
先以760 繡線進行緞面繡，
接著再以3022繡線
進行結粒繡。
3363 葉形繡
729 1股
結粒繡
3022 1股
直線繡
988 葉形繡
988
輪廓繡
3363
3363
760
直線繡
729
結粒繡
3348 緞面繡
3790 1股
結粒繡
3776 緞面繡
3790 1股
結粒繡
729 1股
直線繡
3348 直線繡
3053
緞面繡
直線繡
989
緞面繡
989 5號
釘線繡
2
3
1
646 1股
釘線繡
646 1股
直線繡
989 5號
釘線繡
646 2股
釘線繡
Rose

玫瑰 page12

［材 料］DMC繡線25號＝989, 988, 3363, 3348, 3053, 3770, 819, 760, 3776, 3022, 729, 3790, 646　5號＝989
［重 點］雄蕊易陷入花瓣的緞面繡中，因此需輕輕縫上使其呈現出蓬鬆感。

科名：茜草科 / 學名：*Asperula odorata* / 別名：車葉草 原產地：南歐、北非 / 株高：20至60cm / 開花期：5月至6月	香草類植物，通常會將葉片乾燥後使用。 如車輪般向外呈放射狀展開的葉片與小白花令人印象深刻。

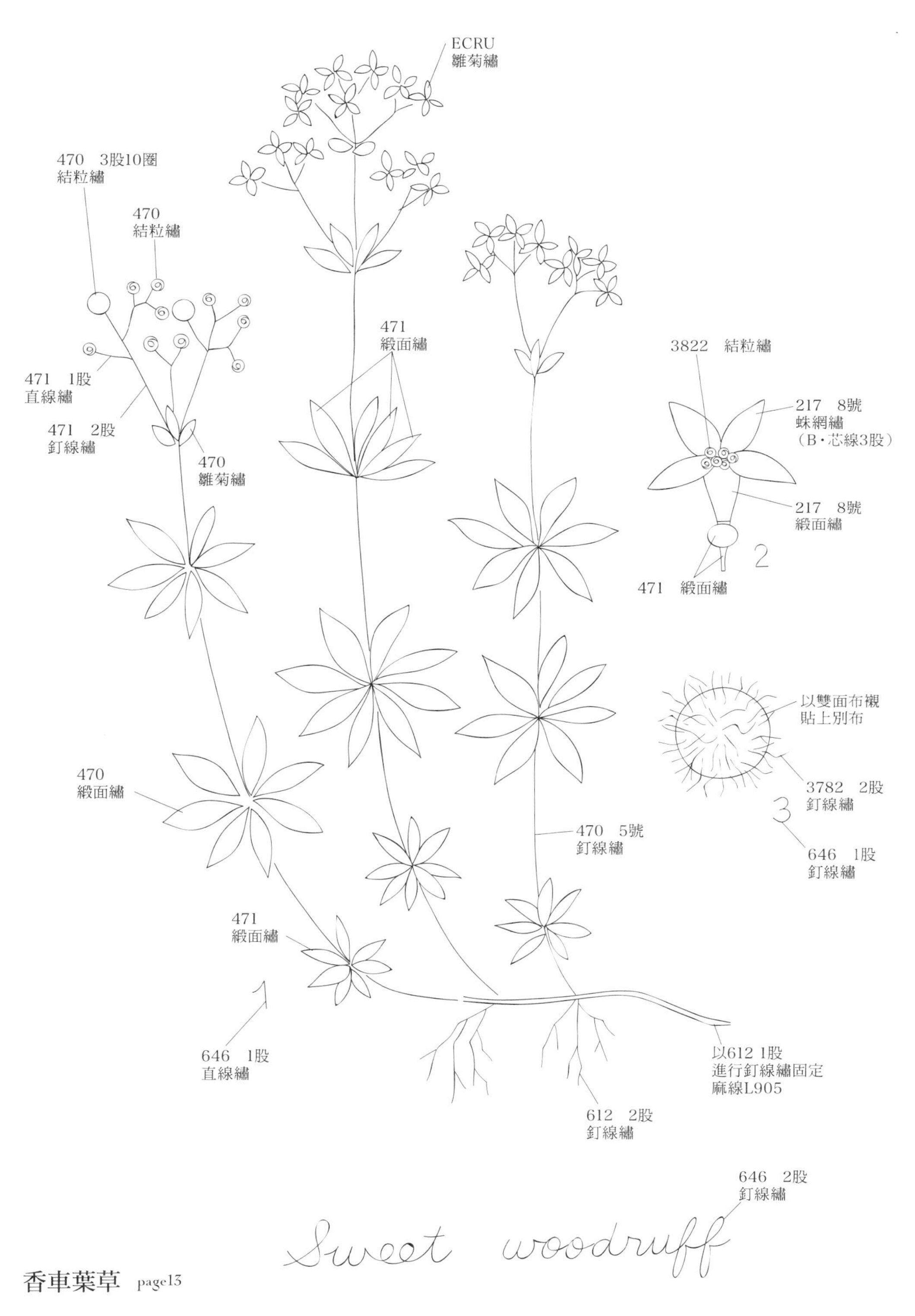
ECRU
雛菊繡
470　3股10圈
結粒繡
470
結粒繡
471
緞面繡
471　1股
直線繡
471　2股
釘線繡
470
雛菊繡
3822　結粒繡
217　8號
蛛網繡
（B・芯線3股）
217　8號
緞面繡
2
471　緞面繡
以雙面布襯
貼上別布
3782　2股
釘線繡
3
646　1股
釘線繡
470
緞面繡
470　5號
釘線繡
471
緞面繡
1
646　1股
直線繡
以612 1股
進行釘線繡固定
麻線L905
612　2股
釘線繡
646　2股
釘線繡
Sweet woodruff

香車葉草 page13

材 料］DMC繡線25號＝470,471,ECRU,3782,612,646,3822　5號＝470　8號＝217　AFE麻繡線＝L905
（也可使用2股25號612繡線）　別布＝麻（茶色）少許　雙面布襯＝少許

鮮嫩綠葉自地面鑽出，不斷綻放出花顏的球根植物，
瞬間為庭園帶來春天氣息。

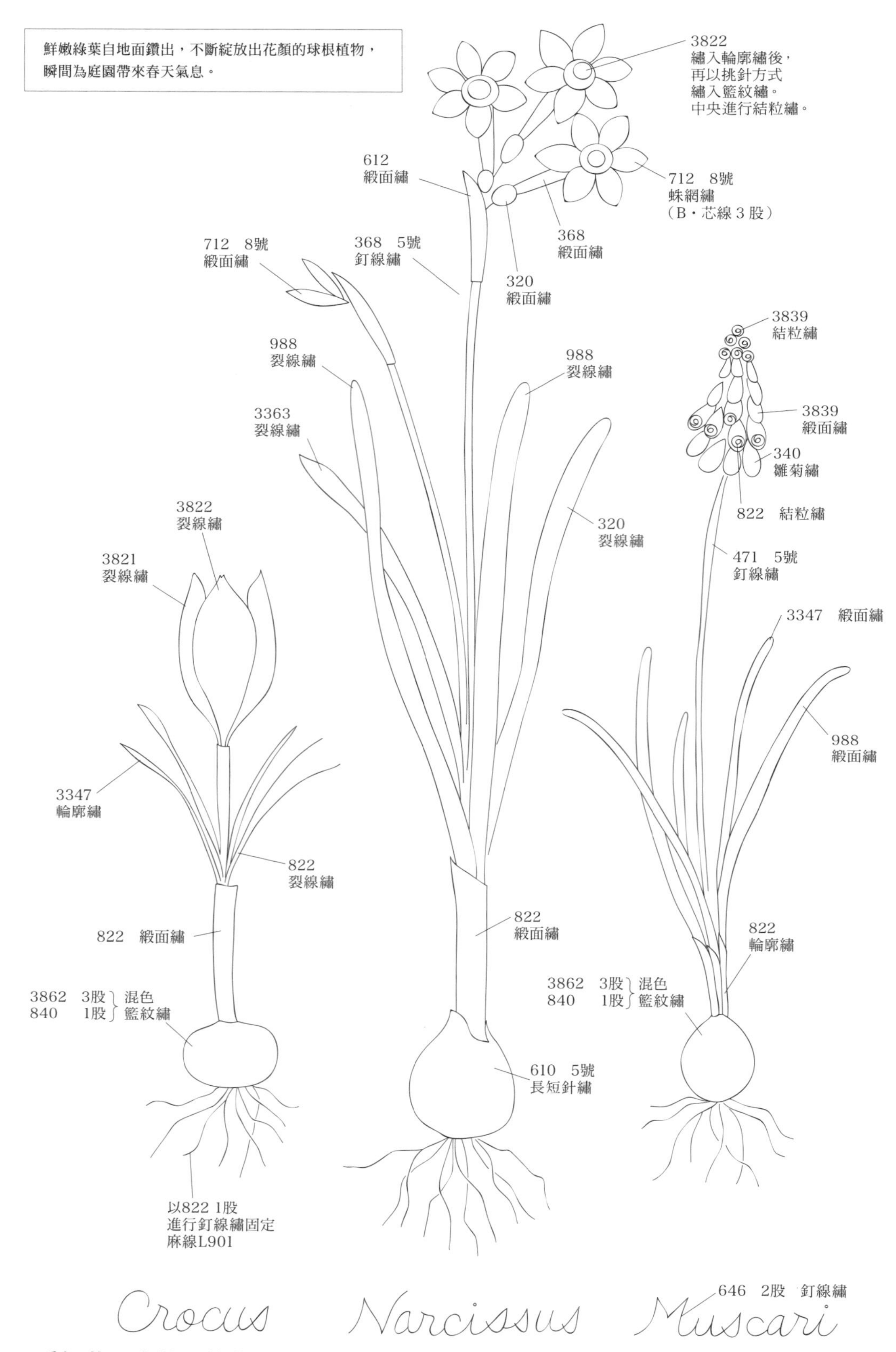
3822
繡入輪廓繡後，
再以挑針方式
繡入籃紋繡。
中央進行結粒繡。
612
緞面繡
712 8號
蛛網繡
（B・芯線3股）
368
緞面繡
712 8號
緞面繡
368 5號
釘線繡
320
緞面繡
3839
結粒繡
988
裂線繡
988
裂線繡
3363
裂線繡
3839
緞面繡
340
雛菊繡
822 結粒繡
3822
裂線繡
320
裂線繡
3821
裂線繡
471 5號
釘線繡
3347 緞面繡
988
緞面繡
3347
輪廓繡
822
裂線繡
822
緞面繡
822 緞面繡
822
輪廓繡
3862 3股
840 1股
混色
籃紋繡
3862 3股
840 1股
混色
籃紋繡
610 5號
長短針繡
以822 1股
進行釘線繡固定
麻線L901
646 2股 釘線繡
Crocus Narcissus Muscari

番紅花・水仙・葡萄風信子 page 14

［材 料］DMC繡線25號＝988, 3347, 320, 3363, 3822, 3821, 340, 3839, 822, 840, 3862, 646, 368, 612, 471
5號＝471, 368, 610　8號＝712　AFE麻繡線＝L901

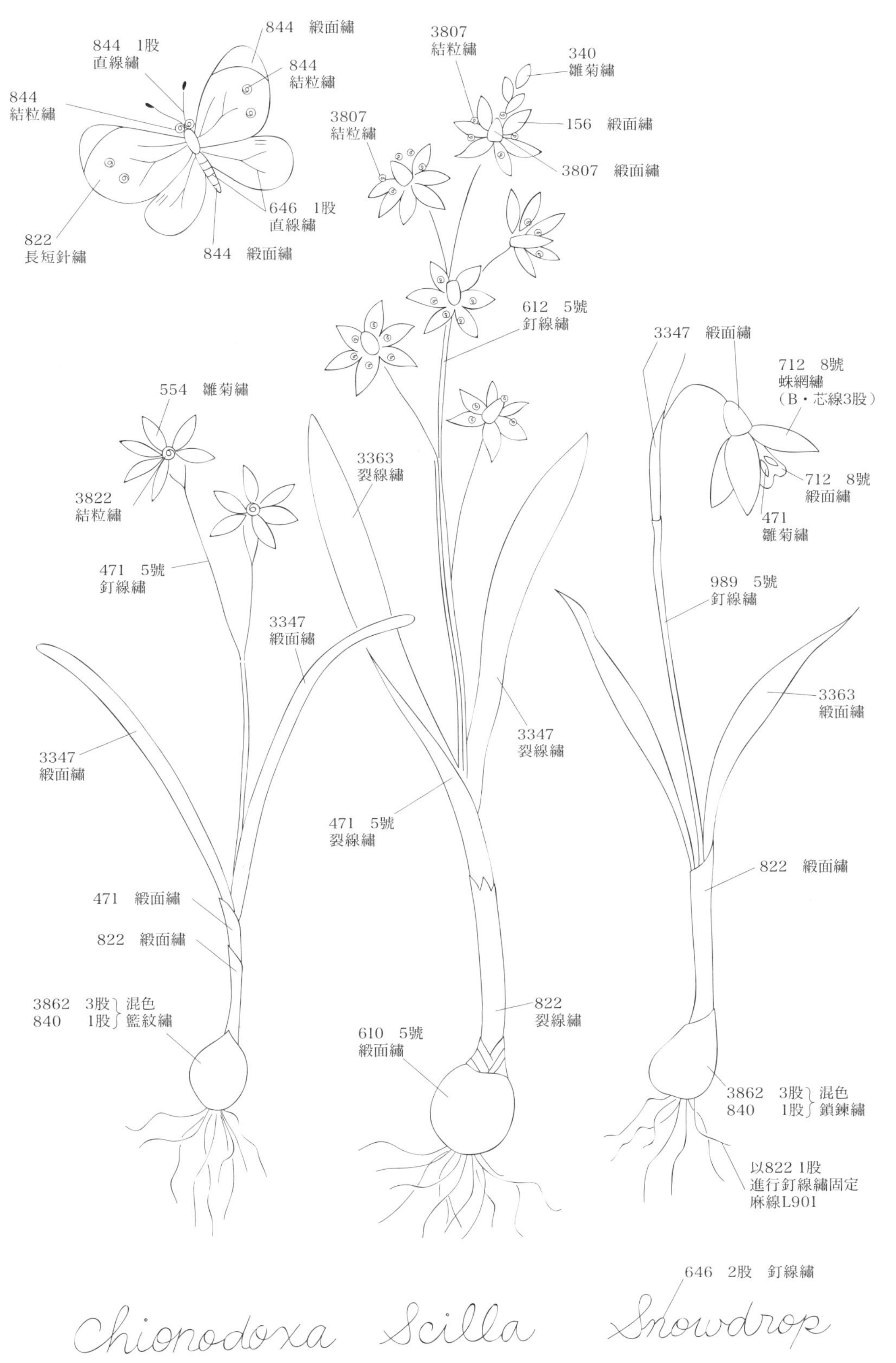
844 緞面繡
844 1股
直線繡
844
結粒繡
844
結粒繡
646 1股
直線繡
822
長短針繡
844 緞面繡
3807
結粒繡
340
雛菊繡
3807
結粒繡
156 緞面繡
3807 緞面繡
612 5號
釘線繡
3347 緞面繡
712 8號
蛛網繡
（B・芯線3股）
712 8號
緞面繡
471
雛菊繡
554 雛菊繡
3822
結粒繡
3363
裂線繡
471 5號
釘線繡
989 5號
釘線繡
3347
緞面繡
3363
緞面繡
3347
緞面繡
3347
裂線繡
471 5號
裂線繡
822 緞面繡
471 緞面繡
822 緞面繡
3862 3股
840 1股
混色
藍紋繡
822
裂線繡
610 5號
緞面繡
3862 3股
840 1股
混色
鎖鍊繡
以822 1股
進行釘線繡固定
麻線L901
646 2股 釘線繡
Chionodoxa
Scilla
Snowdrop

雪解百合・地中海藍鐘花・雪花蓮 page 15

[材 料] DMC繡線25號＝3347, 3363, 3822, 554, 340, 3807, 156, 822, 840, 3862, 646, 612, 844, 989
5號＝471, 989, 610, 612　8號＝712,　AFE麻繡線＝L901

科名：薔薇科/ 學名：*Fragaria×vesca* / 別名：荷蘭草莓 原產地：歐洲 / 株高：5至20cm / 開花期：4月至10月	小型莓果，自開花到結果的過程都是可以盡情享受的樂趣。 成熟的果實相當美味。可當作地被植物活用於庭園造景。

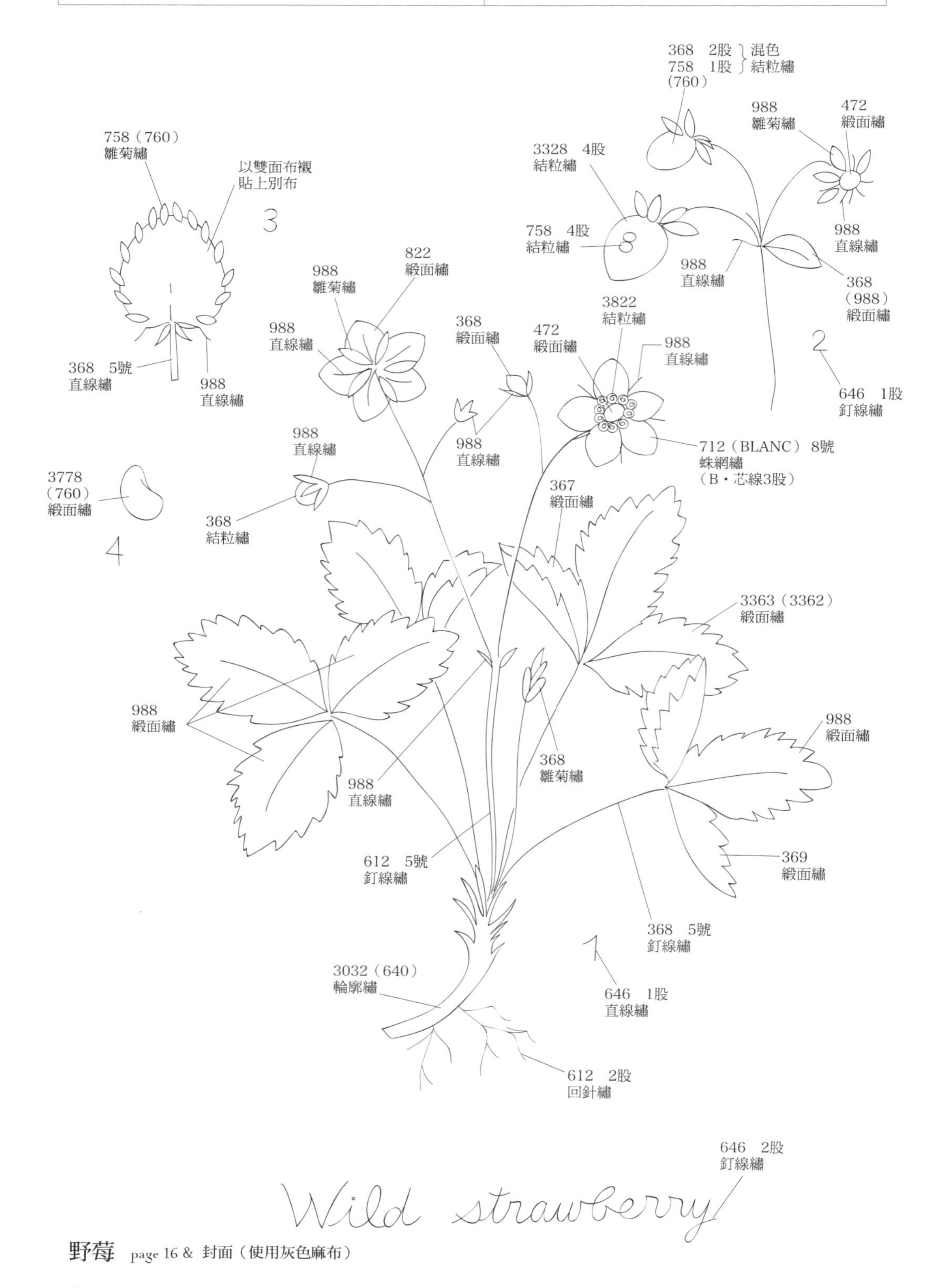

368　2股
758　1股
(760)
混色
結粒繡
988
雛菊繡
472
緞面繡
3328　4股
結粒繡
758　4股
結粒繡
988
直線繡
988
直線繡
368
(988)
緞面繡
2
646　1股
釘線繡
758（760）
雛菊繡
以雙面布襯
貼上別布
3
368　5號
直線繡
988
直線繡
988
雛菊繡
822
緞面繡
988
直線繡
368
緞面繡
3822
結粒繡
472
緞面繡
988
直線繡
988
直線繡
988
直線繡
712（BLANC）8號
蛛網繡
（B・芯線3股）
3778
(760)
緞面繡
4
368
結粒繡
367
緞面繡
3363（3362）
緞面繡
988
緞面繡
988
緞面繡
368
雛菊繡
988
直線繡
612　5號
釘線繡
369
緞面繡
368　5號
釘線繡
1
646　1股
直線繡
3032（640）
輪廓繡
612　2股
回針繡
646　2股
釘線繡
Wild strawberry

野莓 page 16 & 封面（使用灰色麻布）

[材 料] DMC繡線25號＝369, 368, 988, 367, 3363, 472, 3822, 822, 612, 3032, 646, 3328, 3778, 758
（封面用：3362, 640, 760） 5號＝368, 612 8號＝712（封面用：BLANC） 別布＝棉緞布（白色）少許 雙面布襯＝少許

科名：菊科 / 學名：*Matricaria recutita* / 別名：加密列 原產地：地中海沿岸 / 株高：40至70cm / 開花期：5月至7月	氣味香甜，被譽為「大地蘋果」的香草。 每年自然散落的種子都會在庭園中綻放出花朵。

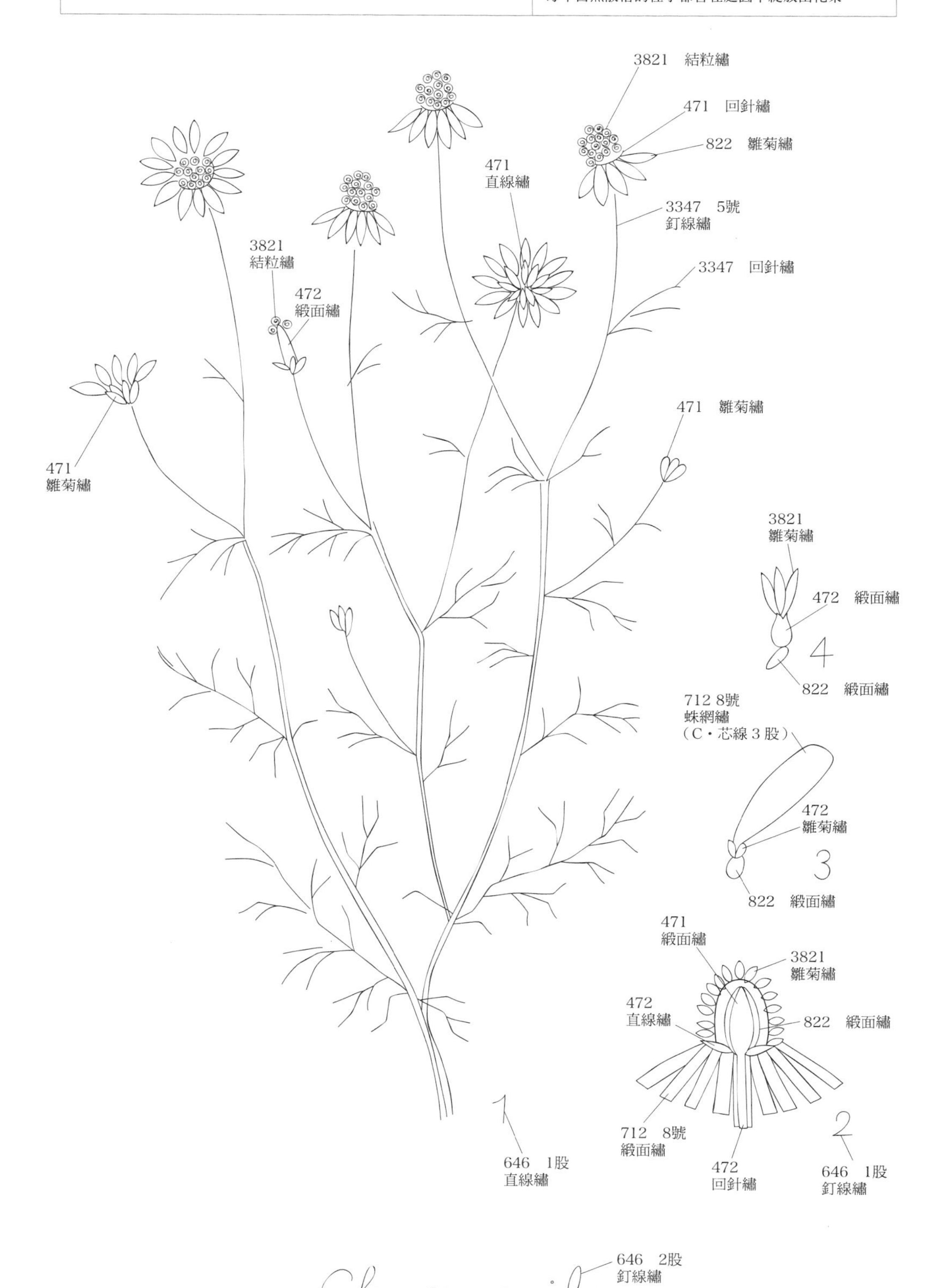

3821 結粒繡
471 回針繡
822 雛菊繡
471
直線繡
3347 5號
釘線繡
3347 回針繡
3821
結粒繡
472
緞面繡
471
雛菊繡
471 雛菊繡
3821
雛菊繡
472 緞面繡
4
822 緞面繡
712 8號
蛛網繡
（C・芯線 3 股）
472
雛菊繡
3
822 緞面繡
471
緞面繡
3821
雛菊繡
472
直線繡
822 緞面繡
1
712 8號
緞面繡
646 1股
直線繡
472
回針繡
2
646 1股
釘線繡
646 2股
釘線繡
Chamomile

甘菊 page 17

［材 料］DMC繡線25號＝3347, 471, 472, 822, 3821, 646　5號＝3347　8號＝712

科名：百合科 / 學名：*Convallaria* / 別名：君影草 原產地：歐洲 / 株高：25至30cm / 開花期：5月至6月	秀麗的影姿與清新的香味，於世界各地受到青睞的春之花。 Diorissimo香水即為鈴蘭香。

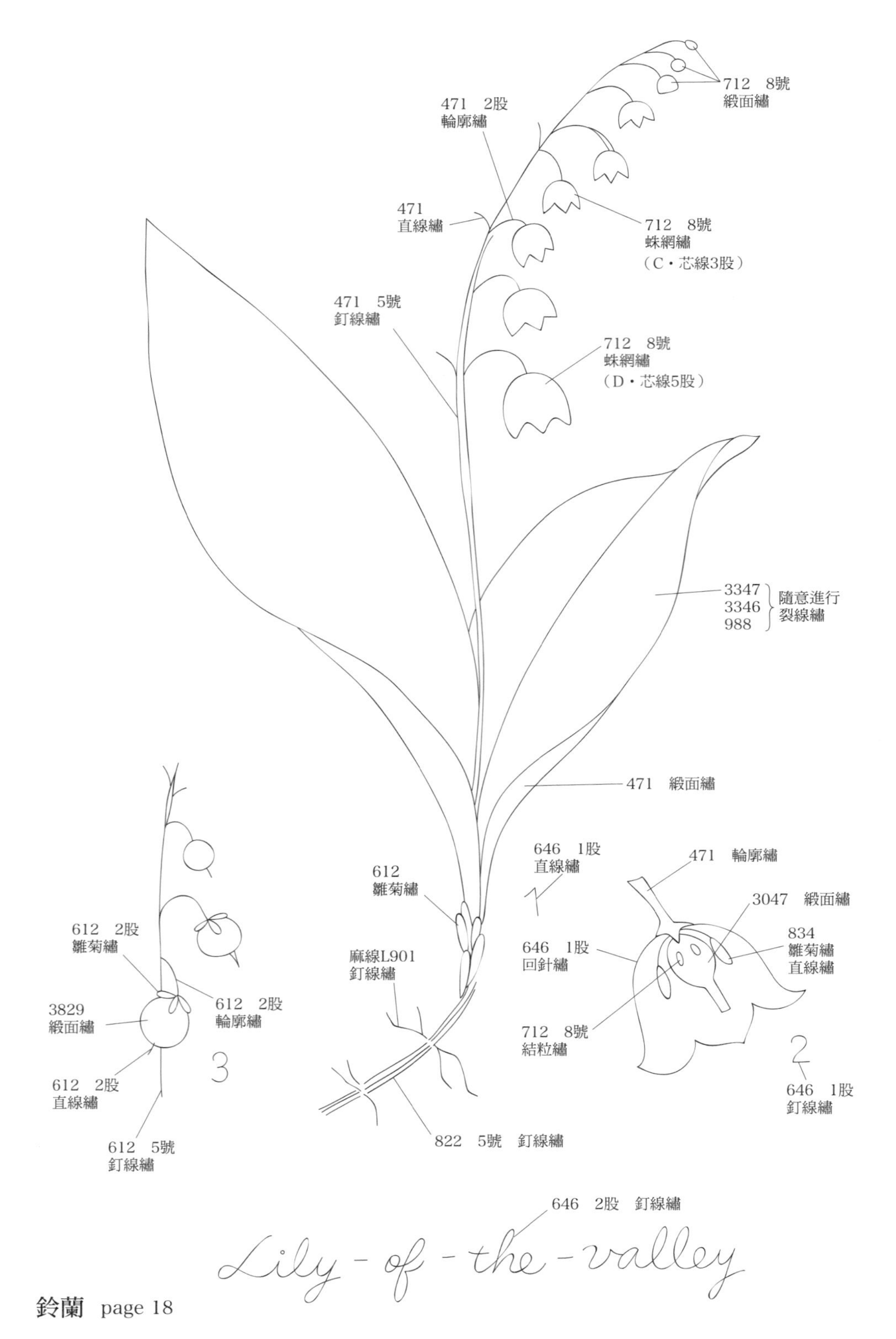

712 8號
緞面繡
471 2股
輪廓繡
471
直線繡
712 8號
蛛網繡
（C・芯線3股）
471 5號
釘線繡
712 8號
蛛網繡
（D・芯線5股）
3347
3346
988
隨意進行
裂線繡
471 緞面繡
646 1股
直線繡
471 輪廓繡
3047 緞面繡
834
雛菊繡
直線繡
646 1股
回針繡
712 8號
結粒繡
2
646 1股
釘線繡
612
雛菊繡
麻線L901
釘線繡
822 5號 釘線繡
612 2股
雛菊繡
612 2股
輪廓繡
3829
緞面繡
3
612 2股
直線繡
612 5號
釘線繡
646 2股 釘線繡
Lily-of-the-valley

鈴蘭 page 18

[材 料] DMC繡線25號＝471, 3347, 3346, 3047, 834, 3829, 612, 646, 988, 822, 612　5號＝471, 822, 612
8號＝712　AFE麻繡線＝L901

科名：菊科 / 學名：*Cosmos atrosanguineus* 原產地：墨西哥 / 株高：30至80cm / 開花期：6月至11月	具有天鵝絨般的質感與巧克力的色澤與香氣。 在庭園中種入配色如此細膩的花朵，便能營造出成熟的氛圍。

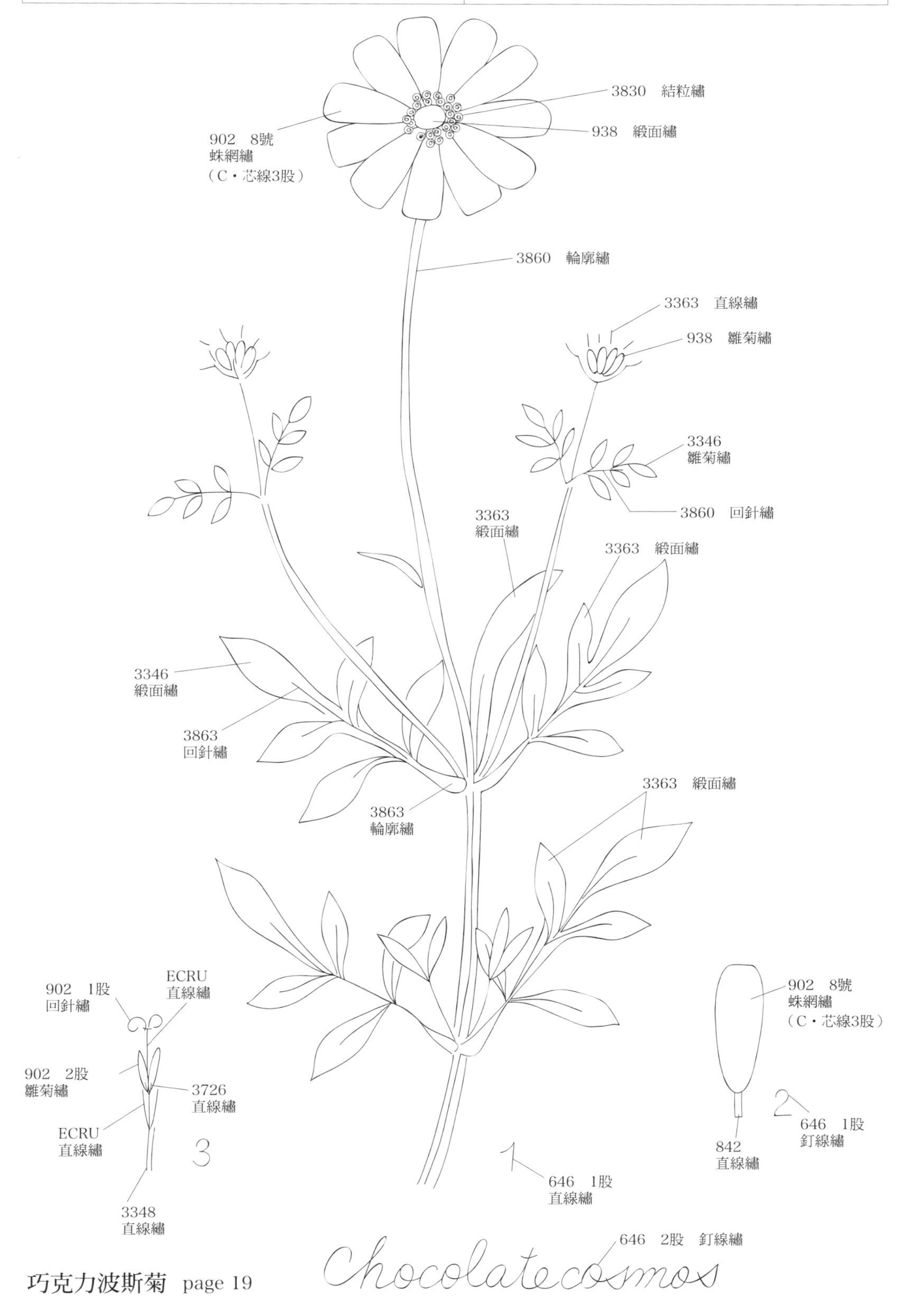
3830 結粒繡
938 緞面繡
902 8號
蛛網繡
（C・芯線3股）
3860 輪廓繡
3363 直線繡
938 雛菊繡
3346
雛菊繡
3860 回針繡
3363
緞面繡
3363 緞面繡
3346
緞面繡
3863
回針繡
3863
輪廓繡
3363 緞面繡
902 1股
回針繡
ECRU
直線繡
902 2股
雛菊繡
3726
直線繡
ECRU
直線繡
3
3348
直線繡
1
646 1股
直線繡
902 8號
蛛網繡
（C・芯線3股）
2
646 1股
釘線繡
842
直線繡
646 2股 釘線繡
Chocolatecosmos

巧克力波斯菊 page 19

［材 料］DMC繡線25號＝3346, 3363, 3863, 3860, 938, 3830, 646, ECRU, 842, 3726, 902, 3348　8號＝902

科名：菊科 / 學名：*Erigeron karvinskianus* / 別名：PeraPera嫁菜 原產地：北美 / 株高：10至30cm / 開花期：5月至11月	日本名稱為「源平小菊」。生長力極強的地被植物。 根部可遍佈至任何角落，營造出自然風味的庭園景色。

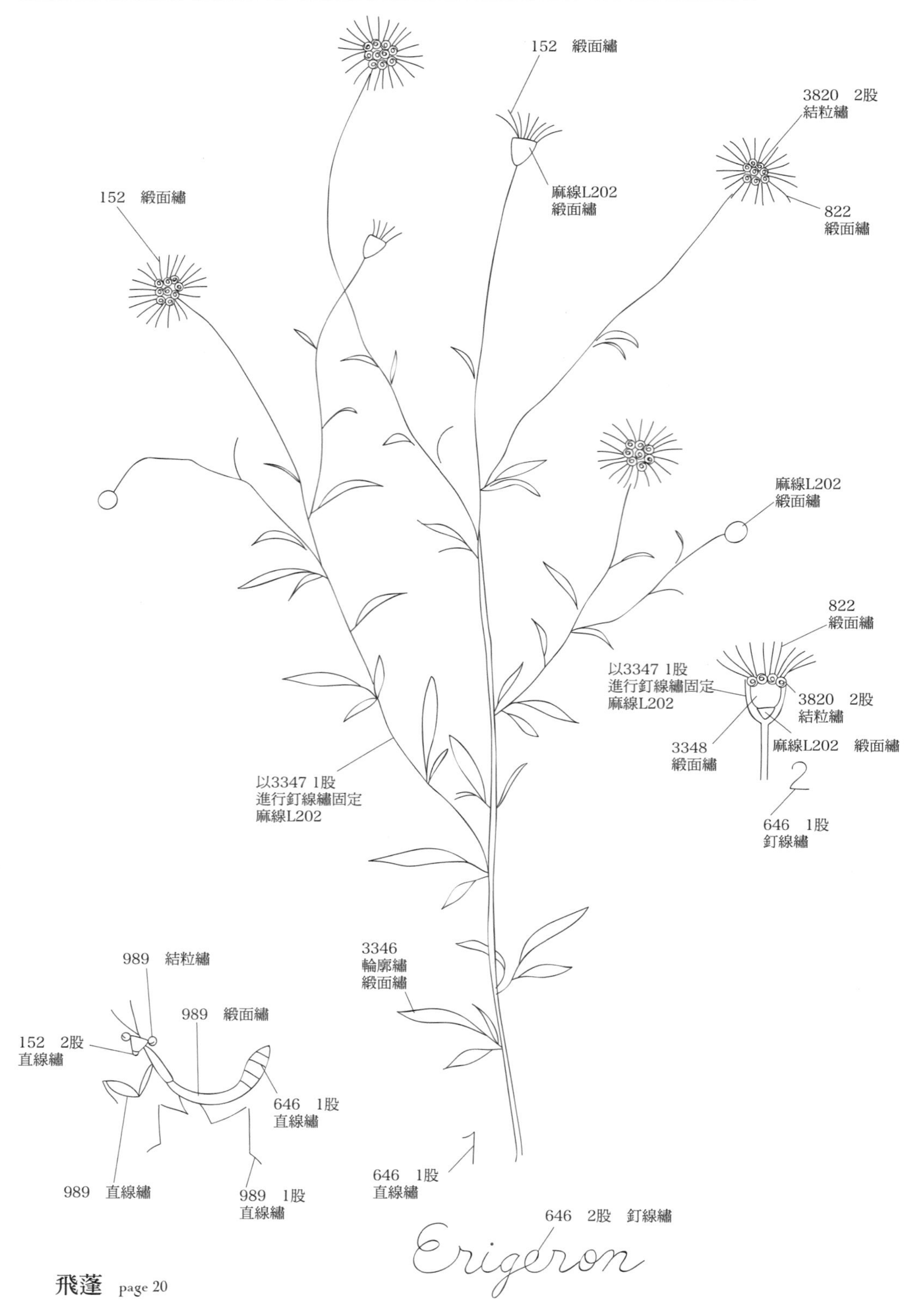

152 緞面繡
3820 2股
結粒繡
152 緞面繡
麻線L202
緞面繡
822
緞面繡
麻線L202
緞面繡
822
緞面繡
以3347 1股
進行釘線繡固定
麻線L202
3820 2股
結粒繡
3348
緞面繡
麻線L202 緞面繡
646 1股
釘線繡
以3347 1股
進行釘線繡固定
麻線L202
3346
輪廓繡
緞面繡
989 結粒繡
989 緞面繡
152 2股
直線繡
646 1股
直線繡
989 直線繡
989 1股
直線繡
646 1股
直線繡
646 2股 釘線繡
Erigeron

飛蓬 page 20

［材 料］DMC繡線25號＝3346, 3348, 3820, 152, 822, 646, 989, 3347　AFE麻繡線＝L202

［重 點］花莖部分需繡出纖細&自然的風貌。螳螂幼蟲則需繡出一雙又大又圓的眼睛。

科名：罌粟科／學名：*Papaver*／別名：雛罌粟／原產地：歐洲中、南部、亞洲溫帶地區／株高：50至120cm ／開花期：4月至6月	樣本採自「長實雛罌粟」。不知何時，悄悄佈滿了空地與道路旁的歸化植物，小巧的橘色罌粟花。

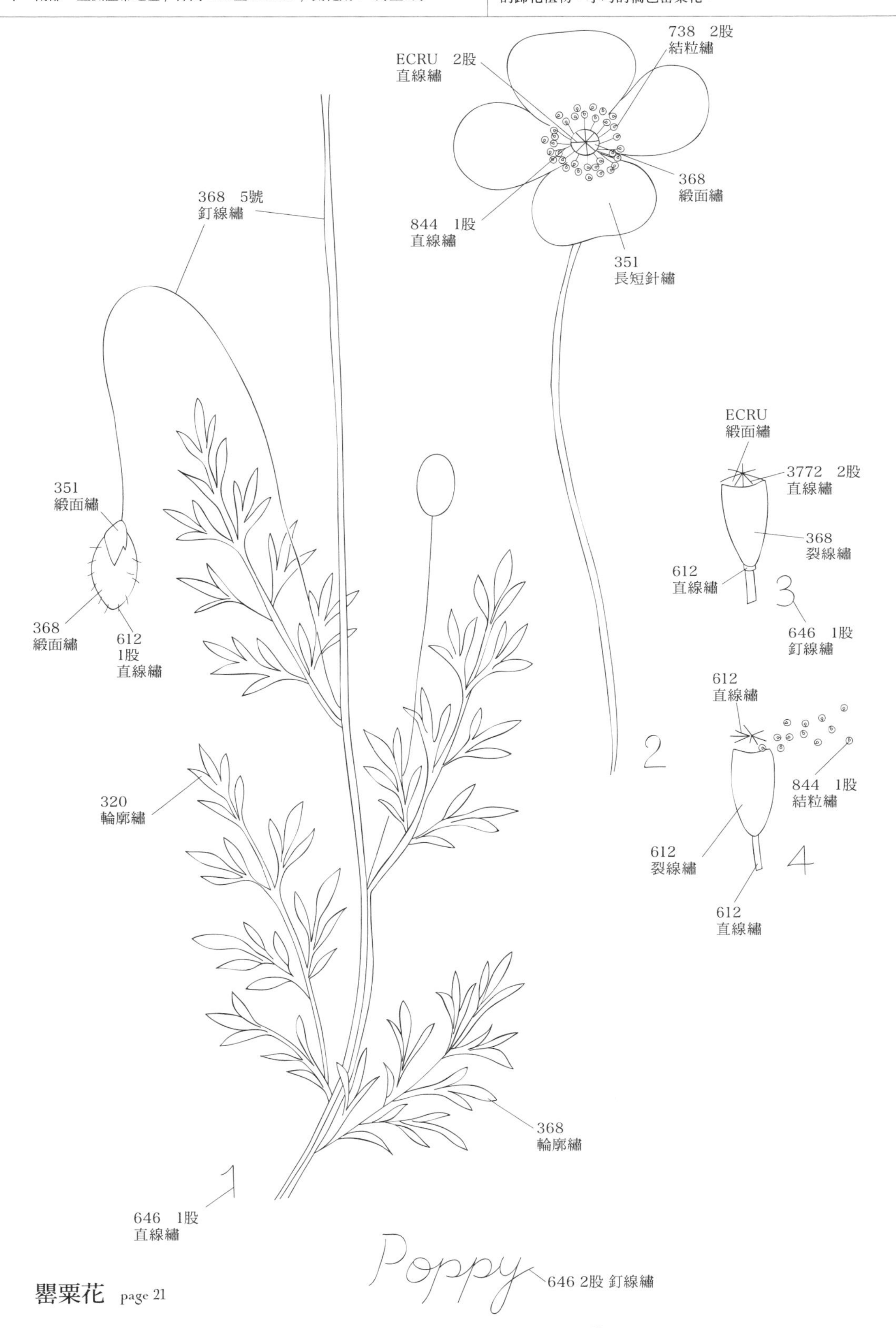

ECRU 2股
直線繡
738 2股
結粒繡
368
緞面繡
844 1股
直線繡
351
長短針繡
368 5號
釘線繡
351
緞面繡
368
緞面繡
612
1股
直線繡
ECRU
緞面繡
3772 2股
直線繡
368
裂線繡
612
直線繡
646 1股
釘線繡
612
直線繡
844 1股
結粒繡
612
裂線繡
612
直線繡
320
輪廓繡
368
輪廓繡
646 1股
直線繡
Poppy
646 2股 釘線繡

罌粟花 page 21

［材 料］DMC繡線25號＝368, 320, 351, ECRU, 738, 612, 3772, 844, 646　5號＝368

科名：牻牛兒苗科 / 學名：*Geranium* / 別名：牻牛兒苗 原產地：歐洲、亞洲 / 株高：10至70cm / 開花期：6月至8月	團塊狀的繁茂植株上，散開著令人憐愛的小花。 天竺葵較無法抵抗夏季的暑熱。

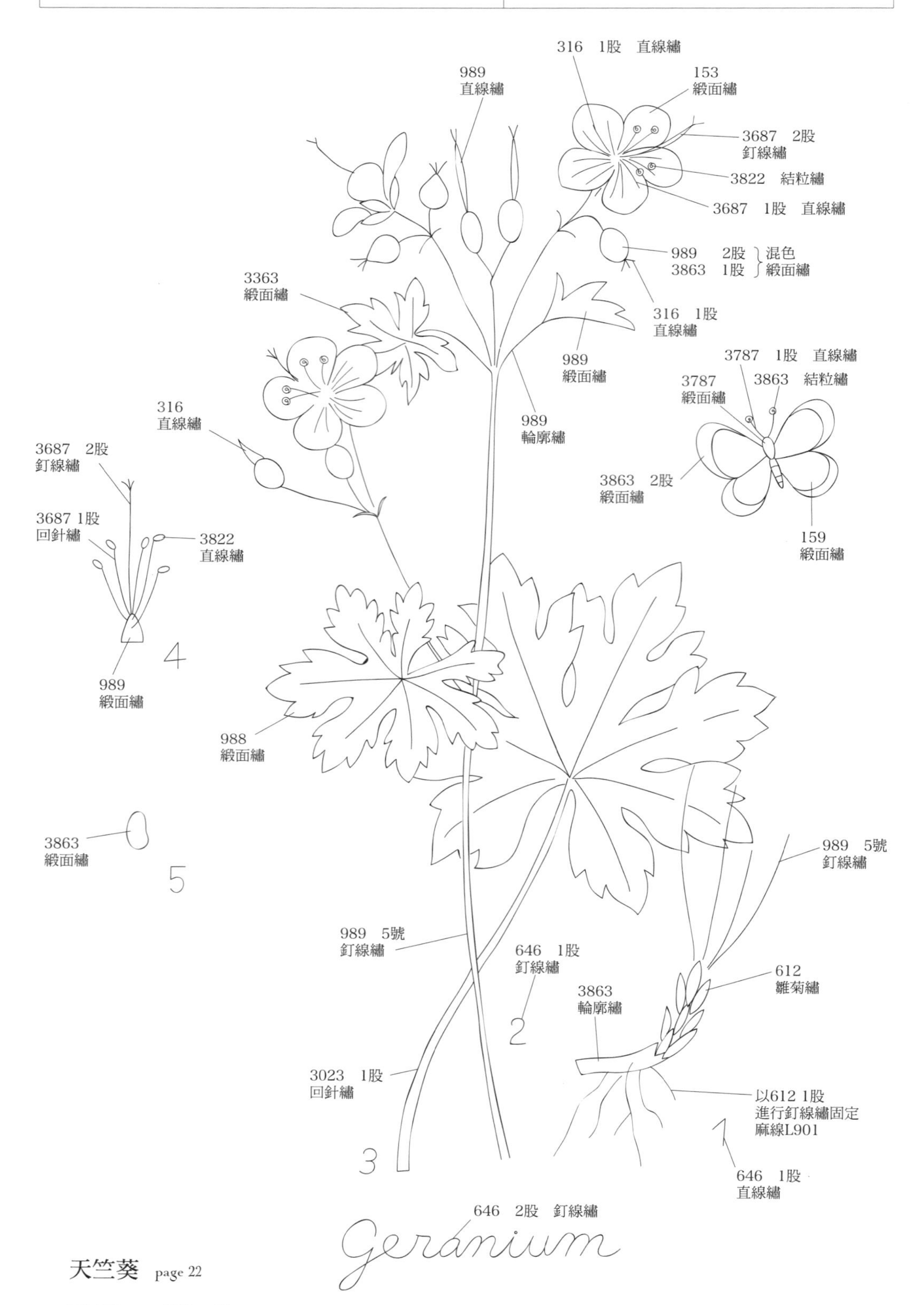

316 1股 直線繡
989
直線繡
153
緞面繡
3687 2股
釘線繡
3822 結粒繡
3687 1股 直線繡
3363
緞面繡
989 2股
3863 1股
混色
緞面繡
316 1股
直線繡
989
緞面繡
3787 1股 直線繡
3787
緞面繡
3863 結粒繡
316
直線繡
989
輪廓繡
3687 2股
釘線繡
3863 2股
緞面繡
3687 1股
回針繡
3822
直線繡
159
緞面繡
4
989
緞面繡
988
緞面繡
3863
緞面繡
5
989 5號
釘線繡
989 5號
釘線繡
646 1股
釘線繡
612
雛菊繡
3863
輪廓繡
2
3023 1股
回針繡
以612 1股
進行釘線繡固定
麻線L901
3
1
646 1股
直線繡
646 2股 釘線繡
Geranium

天竺葵 page 22

［材 料］DMC繡線25號＝989, 988, 3363, 153, 316, 3687, 3822, 612, 3863, 159, 3023, 646, 3787　5號＝989
AFE麻繡線＝L901

科名：茄科 / 學名：*Nicotiana × sanderae* / 別名：花煙草 原產地：巴西 / 株高：30至60cm / 開花期：5月至10月	在酷熱的盛夏之中也會不斷開出小花。花朵外側呈亮綠色， 內側為霧面紅的品種稱為Tinkerbell。

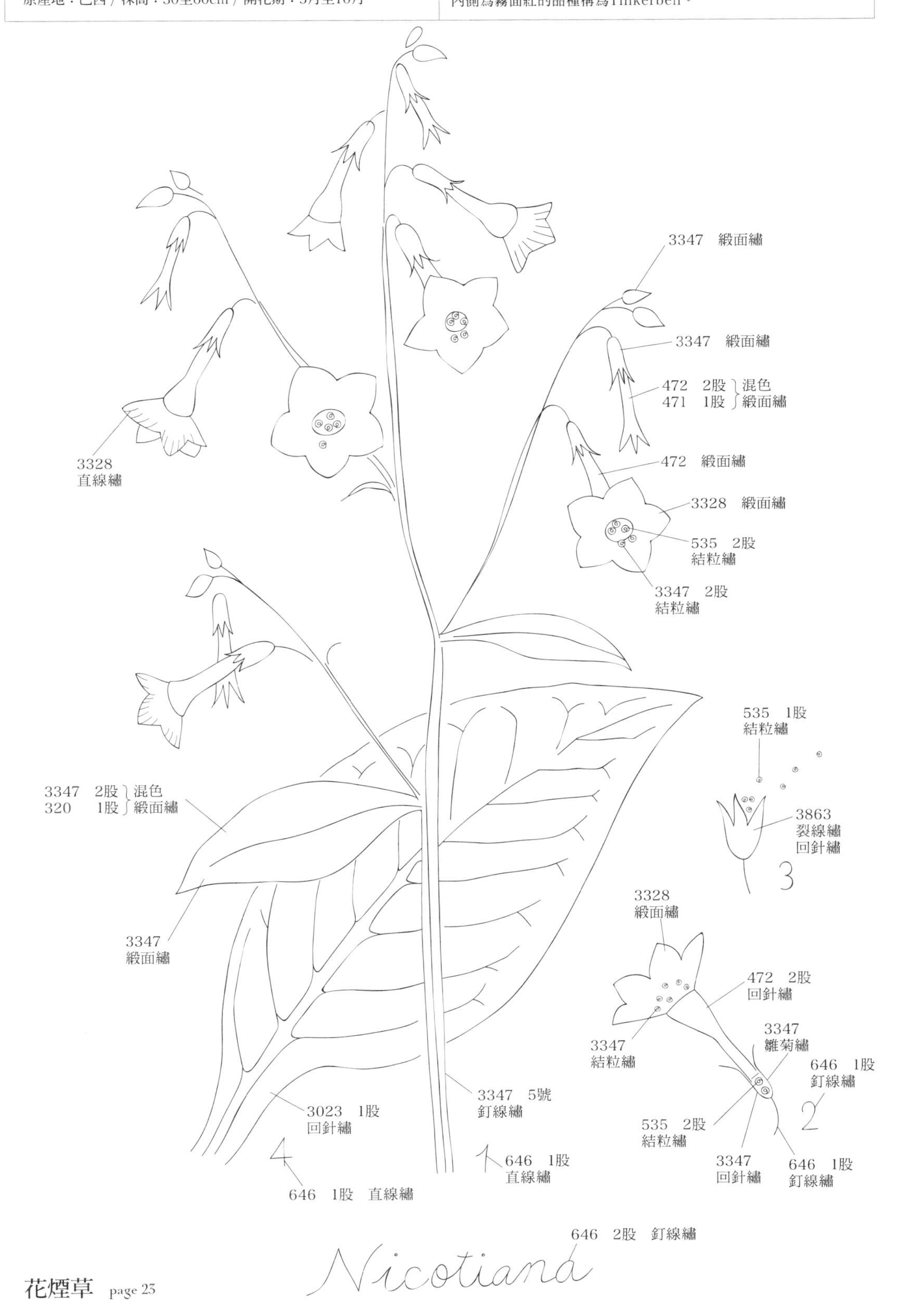

3347 緞面繡
3347 緞面繡
472 2股 } 混色
471 1股 } 緞面繡
472 緞面繡
3328 緞面繡
535 2股
結粒繡
3347 2股
結粒繡
3328
直線繡
535 1股
結粒繡
3863
裂線繡
回針繡
3
3347 2股 } 混色
320 1股 } 緞面繡
3347
緞面繡
3328
緞面繡
472 2股
回針繡
3347
雛菊繡
646 1股
釘線繡
3347
結粒繡
2
535 2股
結粒繡
3347
回針繡
646 1股
釘線繡
3347 5號
釘線繡
3023 1股
回針繡
4
646 1股 直線繡
1
646 1股
直線繡
646 2股 釘線繡
Nicotiana

花煙草 page 23

[材 料] DMC繡線25號＝3347, 471, 472, 320, 3328, 535, 3023, 646, 3863　5號＝3347

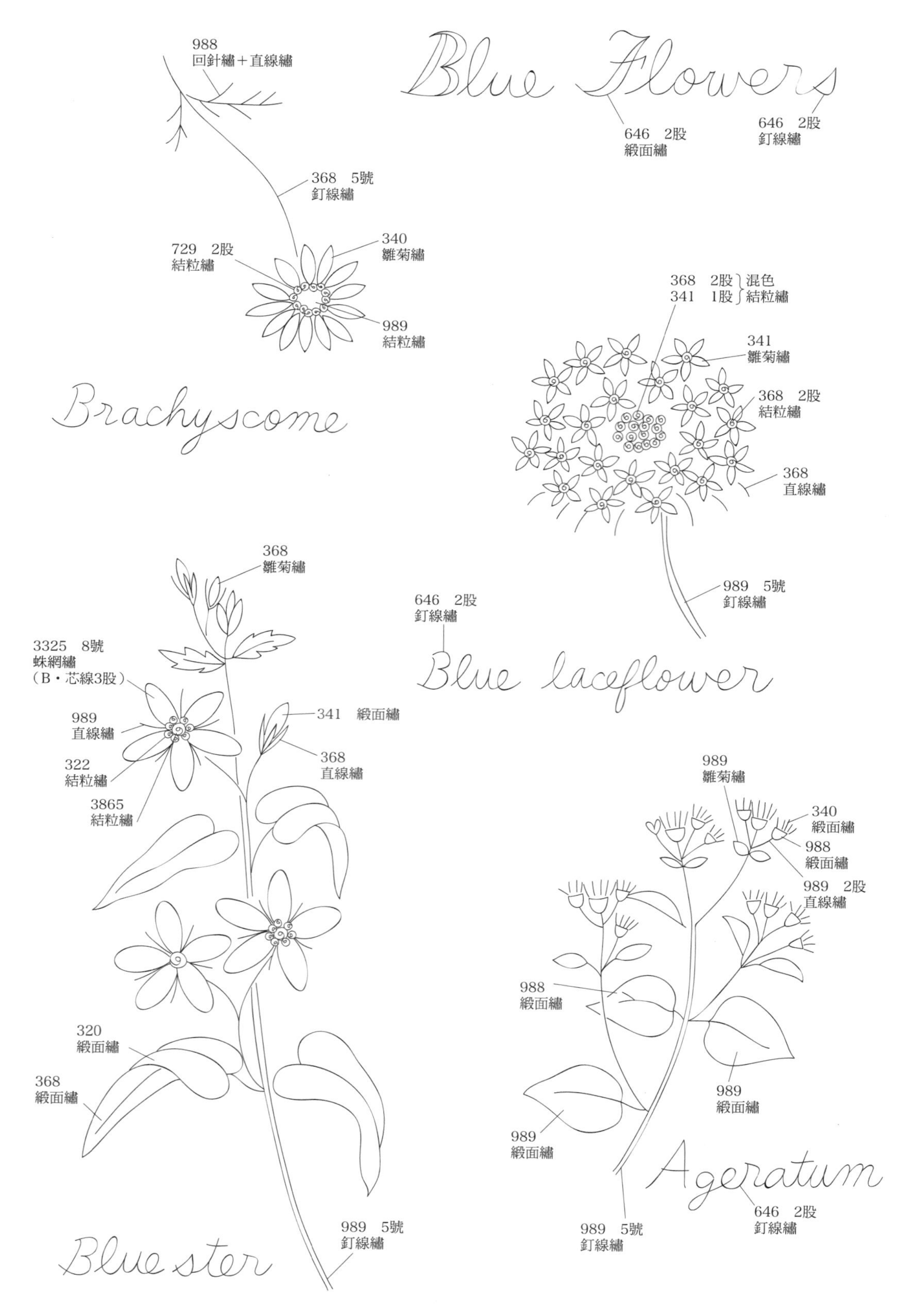
Blue Flowers
988
回針繡＋直線繡
646　2股
緞面繡
646　2股
釘線繡
368　5號
釘線繡
729　2股
結粒繡
340
雛菊繡
989
結粒繡
Brachyscome
368　2股
341　1股
混色
結粒繡
341
雛菊繡
368　2股
結粒繡
368
直線繡
368
雛菊繡
989　5號
釘線繡
646　2股
釘線繡
Blue laceflower
3325　8號
蛛網繡
（B・芯線3股）
989
直線繡
322
結粒繡
3865
結粒繡
341　緞面繡
368
直線繡
989
雛菊繡
340
緞面繡
988
緞面繡
989　2股
直線繡
988
緞面繡
320
緞面繡
368
緞面繡
989
緞面繡
989
緞面繡
Ageratum
646　2股
釘線繡
989　5號
釘線繡
989　5號
釘線繡
Bluester

藍花　page 24　鵝河菊・翠珠・藍星花・藿香薊

［材 料］DMC繡線25號＝368, 989, 988, 320, 340, 341, 322, 3865, 729, 646　5號＝368,989　8號＝3325

［重 點］具有些許色調變化的漸層藍及各種花瓣的不同針腳，請盡情享受微妙差異的箇中樂趣！

藍色的花朵同時具有清爽感與優雅感。
若是考慮搭配庭園的配色，可以稍微增添點黃色或搭配白色花草。

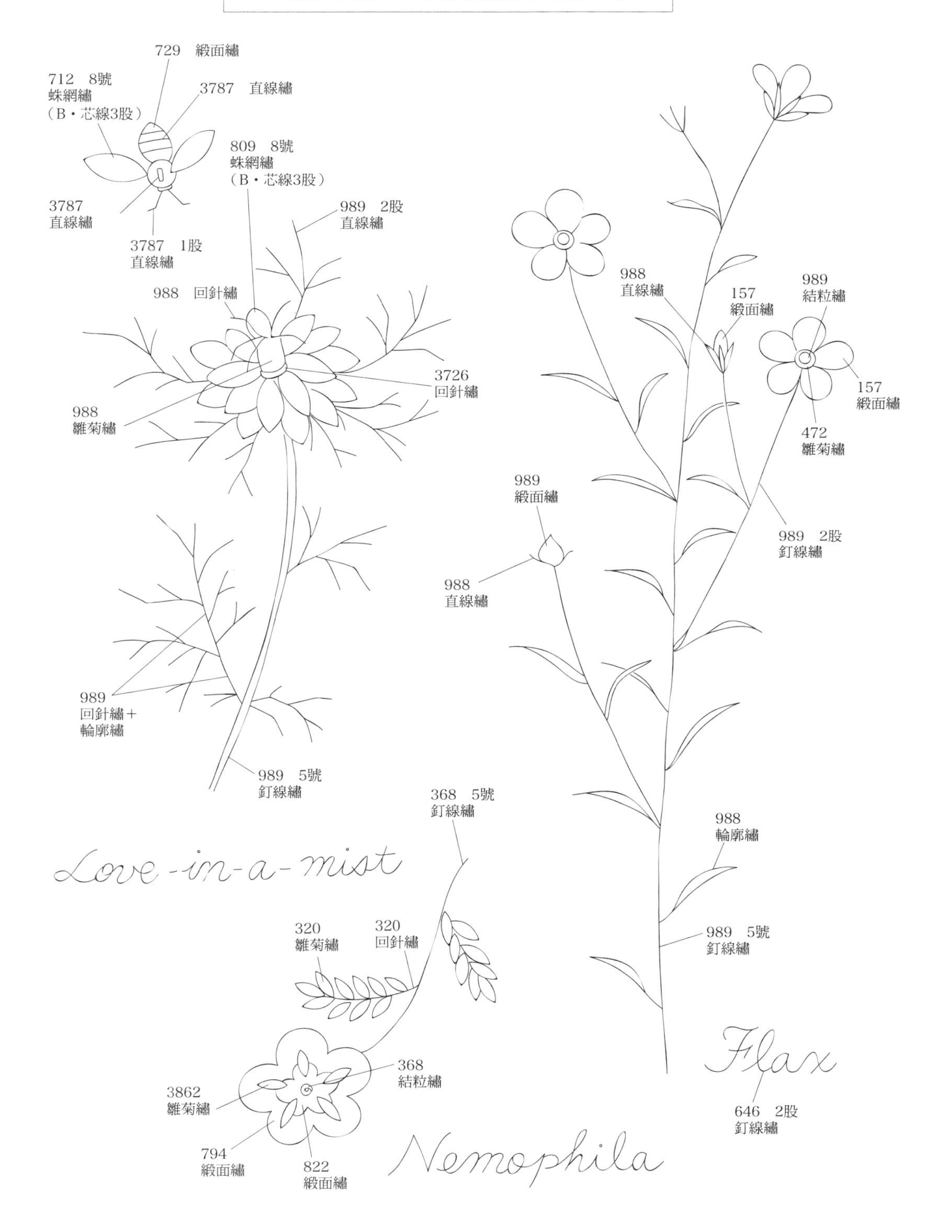
729　緞面繡
712　8號
蛛網繡
（B・芯線3股）
3787　直線繡
809　8號
蛛網繡
（B・芯線3股）
3787
直線繡
3787　1股
直線繡
989　2股
直線繡
988　回針繡
3726
回針繡
988
雛菊繡
989
回針繡＋
輪廓繡
989　5號
釘線繡
Love-in-a-mist
988
直線繡
157
緞面繡
989
結粒繡
157
緞面繡
472
雛菊繡
989
緞面繡
989　2股
釘線繡
988
直線繡
368　5號
釘線繡
988
輪廓繡
320
雛菊繡
320
回針繡
989　5號
釘線繡
368
結粒繡
3862
雛菊繡
794
緞面繡
822
緞面繡
Nemophila
Flax
646　2股
釘線繡

藍花　page 25　黑種草・粉蝶花・亞麻

[材 料] DMC繡線25號＝368, 989, 988, 157, 794, 472, 3726, 3862, 822, 729, 3787, 646　5號＝368, 989
8號＝809, 712

科名：繖形花科 / 學名：*Actinotus helianthi* / 別名：Actinotus 原產地：澳大利亞 / 株高：20至70cm / 開花期：3月至10月	具有如法蘭絨般的質感，為盆栽與花壇中的裝飾花朵，也適合當作切花材使用。

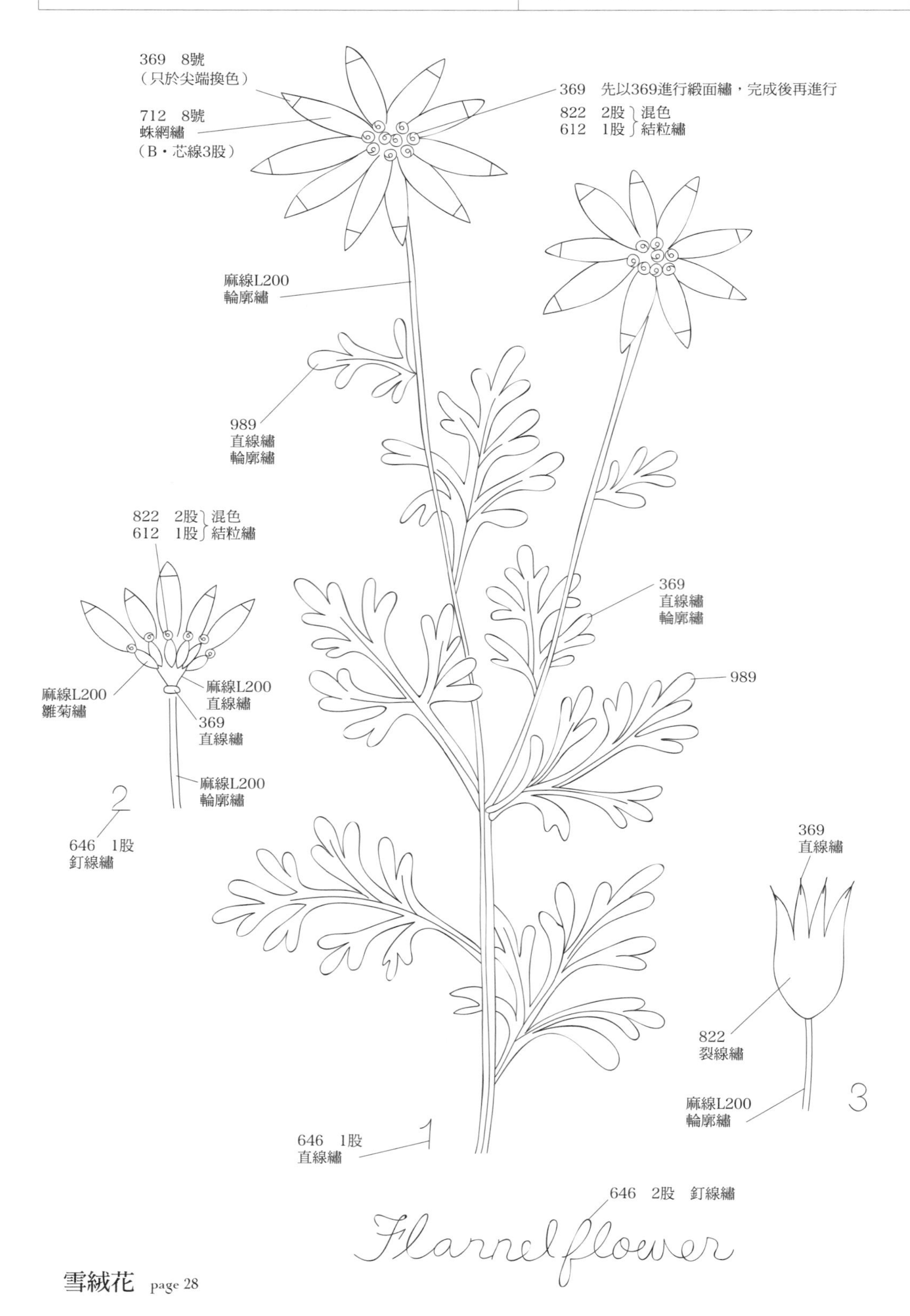

369　8號
（只於尖端換色）
712　8號
蛛網繡
（B・芯線3股）
369　先以369進行緞面繡，完成後再進行
822　2股 混色
612　1股 結粒繡
麻線L200
輪廓繡
989
直線繡
輪廓繡
822　2股 混色
612　1股 結粒繡
369
直線繡
輪廓繡
麻線L200
雛菊繡
麻線L200
直線繡
369
直線繡
989
麻線L200
輪廓繡
2
646　1股
釘線繡
369
直線繡
822
裂線繡
麻線L200
輪廓繡
3
646　1股
直線繡
1
646　2股　釘線繡
Flannel flower

雪絨花 page 28

［材 料］DMC繡線25號＝369, 989, 822, 612, 646　8號＝712, 369　AFE麻繡線＝L200

［重 點］花瓣尖端需重疊繡上蛛網繡針腳以改變顏色。

科名：百合科 / 學名：*Firitillaria* / 別名：蛇頭貝母 原產地：北半球溫帶地區 / 株高：20至30cm / 開花期：4月至5月	由酒紅色與白色組合成格紋樣式的花朵。雖然我種了球根， 但它總是不常開花，而同種的黃花貝母倒是開得很茂盛呢！

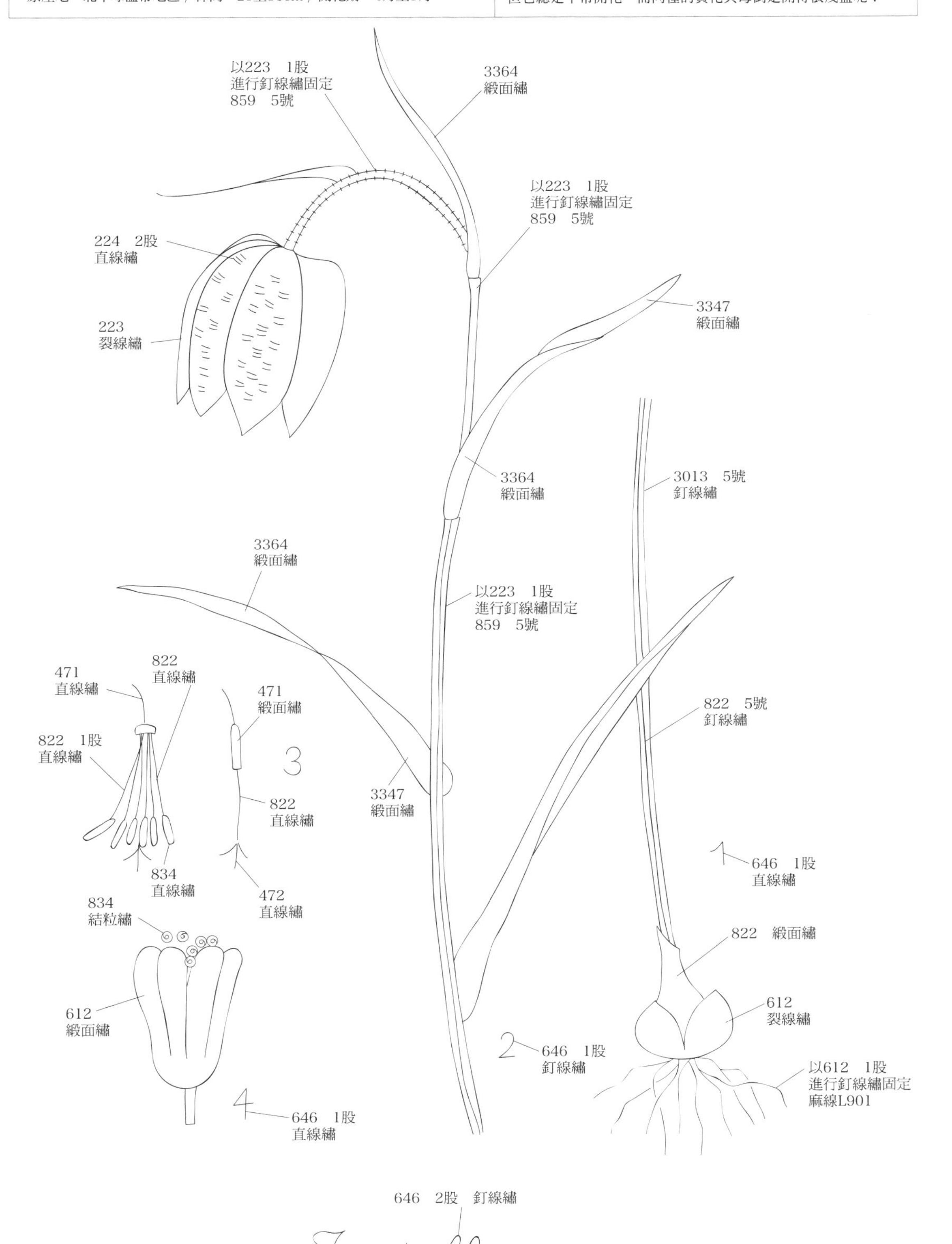

以223　1股
進行釘線繡固定
859　5號
3364
緞面繡
以223　1股
進行釘線繡固定
859　5號
224　2股
直線繡
3347
緞面繡
223
裂線繡
3364
緞面繡
3013　5號
釘線繡
3364
緞面繡
以223　1股
進行釘線繡固定
859　5號
471
直線繡
822
直線繡
471
緞面繡
822　5號
釘線繡
822　1股
直線繡
3
3347
緞面繡
822
直線繡
834
直線繡
472
直線繡
1
646　1股
直線繡
834
結粒繡
822　緞面繡
612
緞面繡
612
裂線繡
2
646　1股
釘線繡
以612　1股
進行釘線繡固定
麻線L901
4
646　1股
直線繡
646　2股　釘線繡
Fritillaria

貝母 page 29

[材 料] DMC繡線25號＝3364, 3347, 471, 472, 822, 834, 612, 224, 223, 646, 3013　5號＝859, 3013, 822
AFE麻繡線＝L901

科名：玄參科 / 學名：*Digitalis purpurea* / 別名：狐狸手套 / 原產地：歐洲、東北非、中亞 / 株高：40至180cm /開花期：5月至7月	筆直的細長身影與玫瑰花極為相襯，花謝後又會生出側芽，因此可以持續很長一段時間。

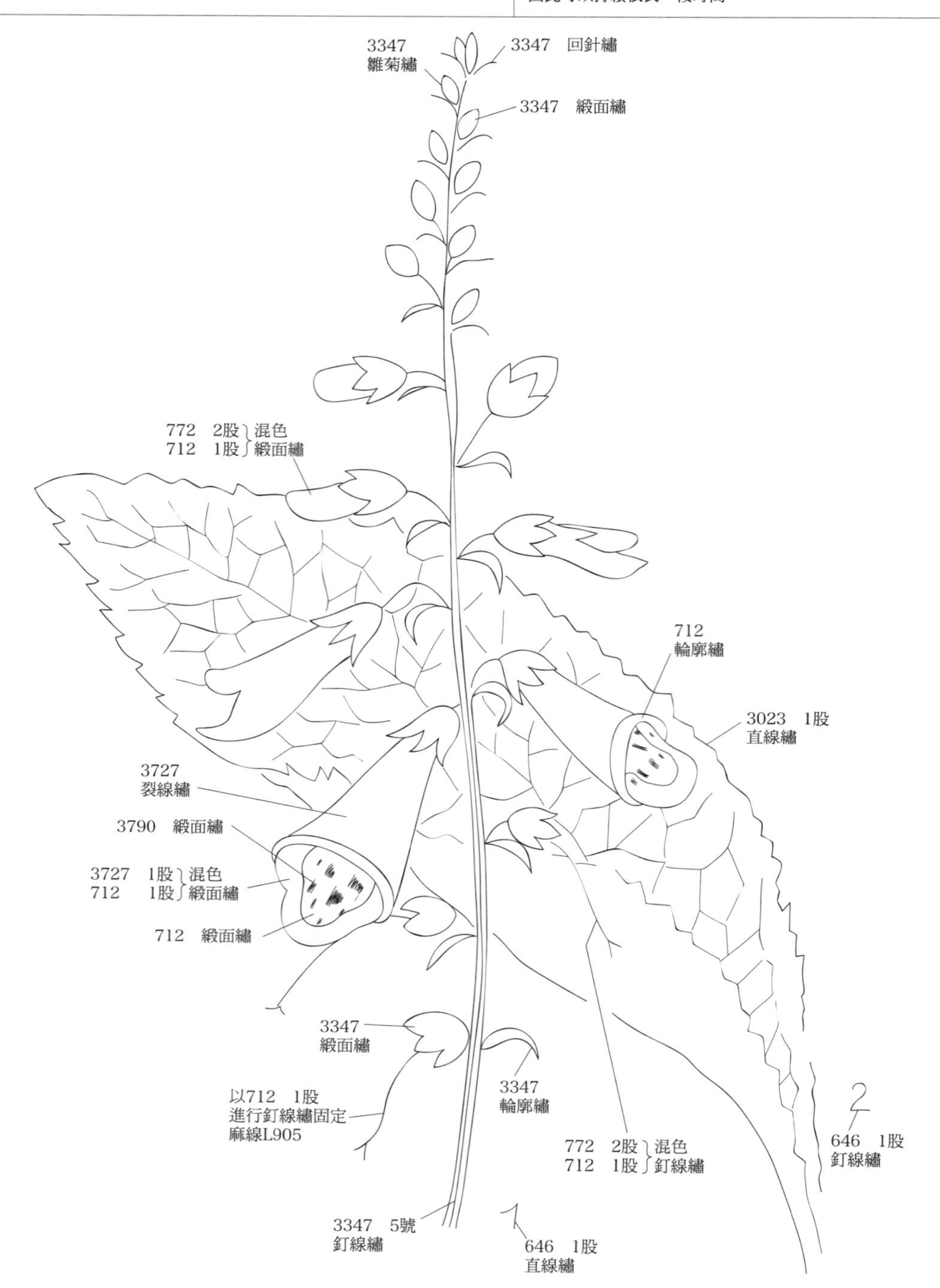

3347
雛菊繡
3347 回針繡
3347 緞面繡
772 2股
712 1股
混色
緞面繡
712
輪廓繡
3023 1股
直線繡
3727
裂線繡
3790 緞面繡
3727 1股
712 1股
混色
緞面繡
712 緞面繡
3347
緞面繡
以712 1股
進行釘線繡固定
麻線L905
3347
輪廓繡
772 2股
712 1股
混色
釘線繡
646 1股
釘線繡
3347 5號
釘線繡
646 1股
直線繡
646 2股 釘線繡
Digitalis

毛地黃 page 30

[材 料] DMC繡線25號＝3347, 772, 3727, 3790, 712, 3023, 646　5號＝3347　AFE麻繡線＝L905

科名：繖形花科／學名：*Aegopodium podagraria* / 別名：帶斑岩三葉草 原產地：歐洲／株高：20至30cm / 開花期：5月至6月	帶斑的葉片具有亮色系地被植物的效果。繖形花科雖為金鳳蝶幼蟲的食物，但因羊角芹的繁殖力旺盛，所以不需擔心。

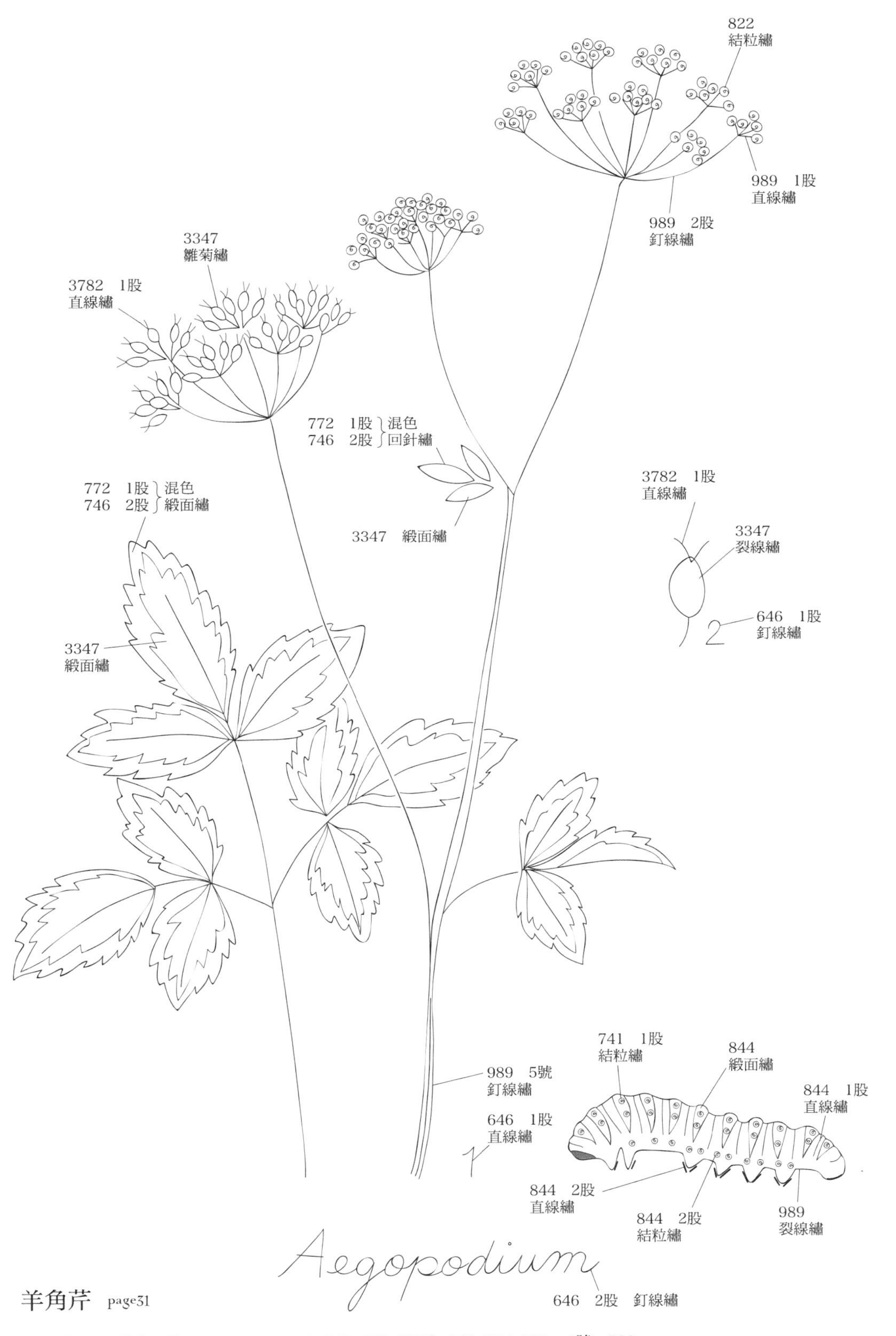

822
結粒繡
989 1股
直線繡
989 2股
釘線繡
3347
雛菊繡
3782 1股
直線繡
772 1股
746 2股
混色
回針繡
3347 緞面繡
772 1股
746 2股
混色
緞面繡
3347
緞面繡
3782 1股
直線繡
3347
裂線繡
646 1股
釘線繡
989 5號
釘線繡
646 1股
直線繡
741 1股
結粒繡
844
緞面繡
844 1股
直線繡
844 2股
直線繡
844 2股
結粒繡
989
裂線繡
Aegopodium
646 2股 釘線繡

羊角芹 page31

[材 料] DMC繡線25號＝989, 3347, 772, 746, 822, 3782, 646, 844, 741 5號＝989

科名：菊科 / 學名：*Zinnia* / 別名：百日草 原產地：墨西哥 / 株高：20至75cm / 開花期：7月至10月	霧面質感的花瓣加上小花蕊，呈現雙重華麗風貌。 Linearis又被稱為「細葉百日草」，是秋季庭園不可或缺的花草。

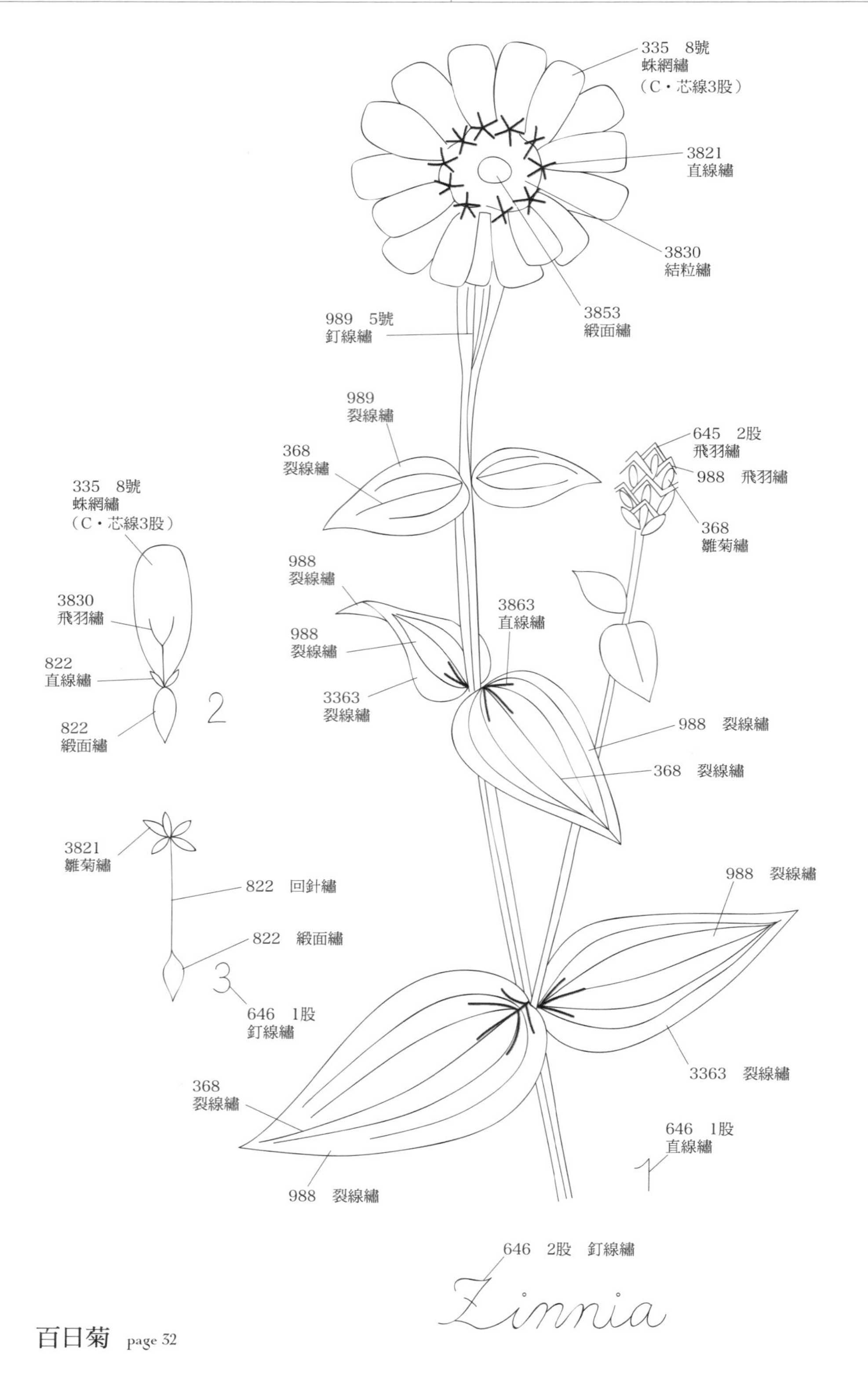

335 8號
蛛網繡
（C・芯線3股）
3821
直線繡
3830
結粒繡
3853
緞面繡
989 5號
釘線繡
989
裂線繡
368
裂線繡
645 2股
飛羽繡
988 飛羽繡
368
雛菊繡
335 8號
蛛網繡
（C・芯線3股）
3830
飛羽繡
822
直線繡
822
緞面繡
2
988
裂線繡
3863
直線繡
988
裂線繡
3363
裂線繡
988 裂線繡
368 裂線繡
3821
雛菊繡
822 回針繡
822 緞面繡
3
646 1股
釘線繡
988 裂線繡
3363 裂線繡
368
裂線繡
646 1股
直線繡
1
988 裂線繡
646 2股 釘線繡
Zinnia

百日菊 page 32

［材 料］DMC繡線25號＝368, 988, 3363, 3863, 3821, 3830, 3858, 646, 645, 822, 989　5號＝989　8號＝335

［重 點］請慎重地將花朵中央的黃色小星星，繡入花蕊與外側花瓣之間，使其收於內部。

369　8號
蛛網繡
（C・芯線3股）
ECRU
結粒繡
524　緞面繡
3821
直線繡
'Envy'
352　8號
蛛網繡
（C・芯線3股）
3858
緞面繡
3821
直線繡
3830
結粒繡
'Oklahoma Lax'
3821
直線繡
3326　8號
蛛網繡
（C・芯線3股）
3830
結粒繡
3858
緞面繡
'Fantastic Light Pink'
646　2股
結粒繡
646　1股
直線繡
646　2股
釘線繡
ECRU
緞面繡
3820
結粒繡
3863
結粒繡
320
輪廓繡＋直線繡
368　5號
釘線繡
Linearis

百日菊 page 33 Envy・Oklahoma Lax・Fantasic Light Pink・Linearis

[材 料] DMC繡線25號＝ECRU, 524, 3821, 3820, 3863, 3830, 3858, 646, 320, 368　5號＝368　8號＝369, 352, 3326

[重 點] 以蛛網繡構成立體重疊的花瓣部分，需由下側開始繡起，請參照page53。

科名：玄參科 / 學名：*Linaria purpurea* 原產地：地中海沿岸 / 株高：15至90cm / 開花期：4月至9月	自然散落的種子使得一年生草與宿根草的數量不斷增加，纖細的身姿隨風搖曳，醞釀出庭園中的柔美情調。

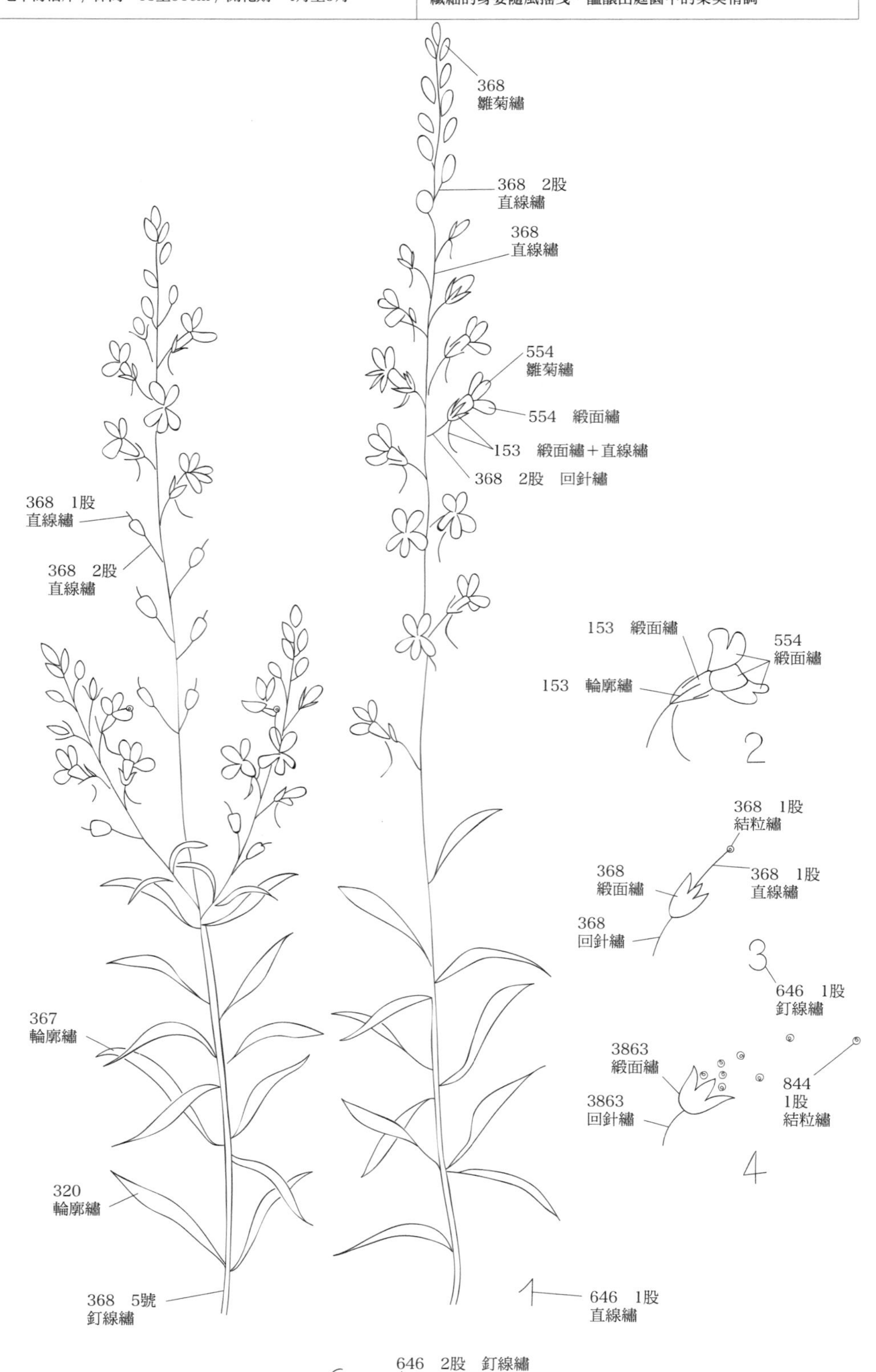

368
雛菊繡
368 2股
直線繡
368
直線繡
554
雛菊繡
554 緞面繡
153 緞面繡＋直線繡
368 2股 回針繡
368 1股
直線繡
368 2股
直線繡
153 緞面繡
554
緞面繡
153 輪廓繡
2
368 1股
結粒繡
368
緞面繡
368 1股
直線繡
368
回針繡
3
646 1股
釘線繡
3863
緞面繡
3863
回針繡
844
1股
結粒繡
4
367
輪廓繡
320
輪廓繡
368 5號
釘線繡
1
646 1股
直線繡
646 2股 釘線繡
Linaria

姬金魚草 page 34

［材 料］DMC繡線25號＝368, 320, 367, 554, 153, 3863, 646, 844　5號＝368

科名：菊科 / 學名：*Cosmos bipinnatus* / 別名：秋櫻 原產地：墨西哥 / 株高：40至200cm / 開花期：6月至11月	經培育家培育出早開系品種，因此能提早欣賞美麗的花容， 楚楚動人的花朵，無論是群生或與他種植物混搭種植都非常好看。

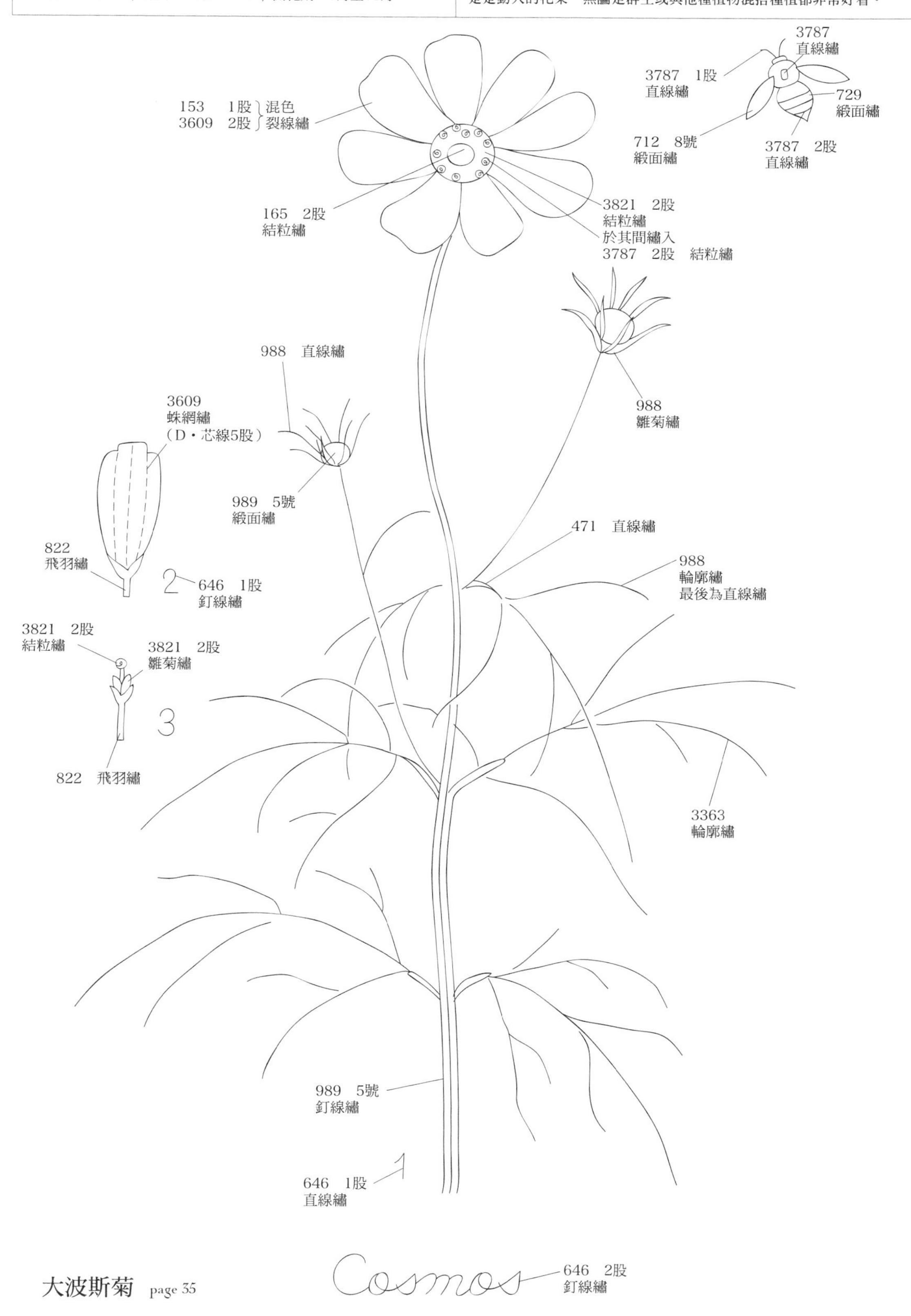

153 1股 混色
3609 2股 裂線繡
165 2股
結粒繡
3821 2股
結粒繡
於其間繡入
3787 2股 結粒繡
3787
直線繡
3787 1股
直線繡
729
緞面繡
712 8號
緞面繡
3787 2股
直線繡
988 直線繡
988
雛菊繡
3609
蛛網繡
（D・芯線5股）
989 5號
緞面繡
822
飛羽繡
2
646 1股
釘線繡
471 直線繡
988
輪廓繡
最後為直線繡
3821 2股
結粒繡
3821 2股
雛菊繡
3
822 飛羽繡
3363
輪廓繡
989 5號
釘線繡
646 1股
直線繡
1
Cosmos
646 2股
釘線繡

大波斯菊 page 35

［材 料］DMC繡線25號＝988, 3363, 471, 153, 3609, 165, 3821, 729, 822, 3787, 646, 989　5號＝989　8號＝712

科名：豆科 / 學名：*Trifolium* / 原產地：歐洲、北美 株高：20至50cm / 開花期：4月至7月	除了白三葉草之外，也有酒紅色和暗黑色等盆栽用三葉草， 是具有多種色彩的花草植物！

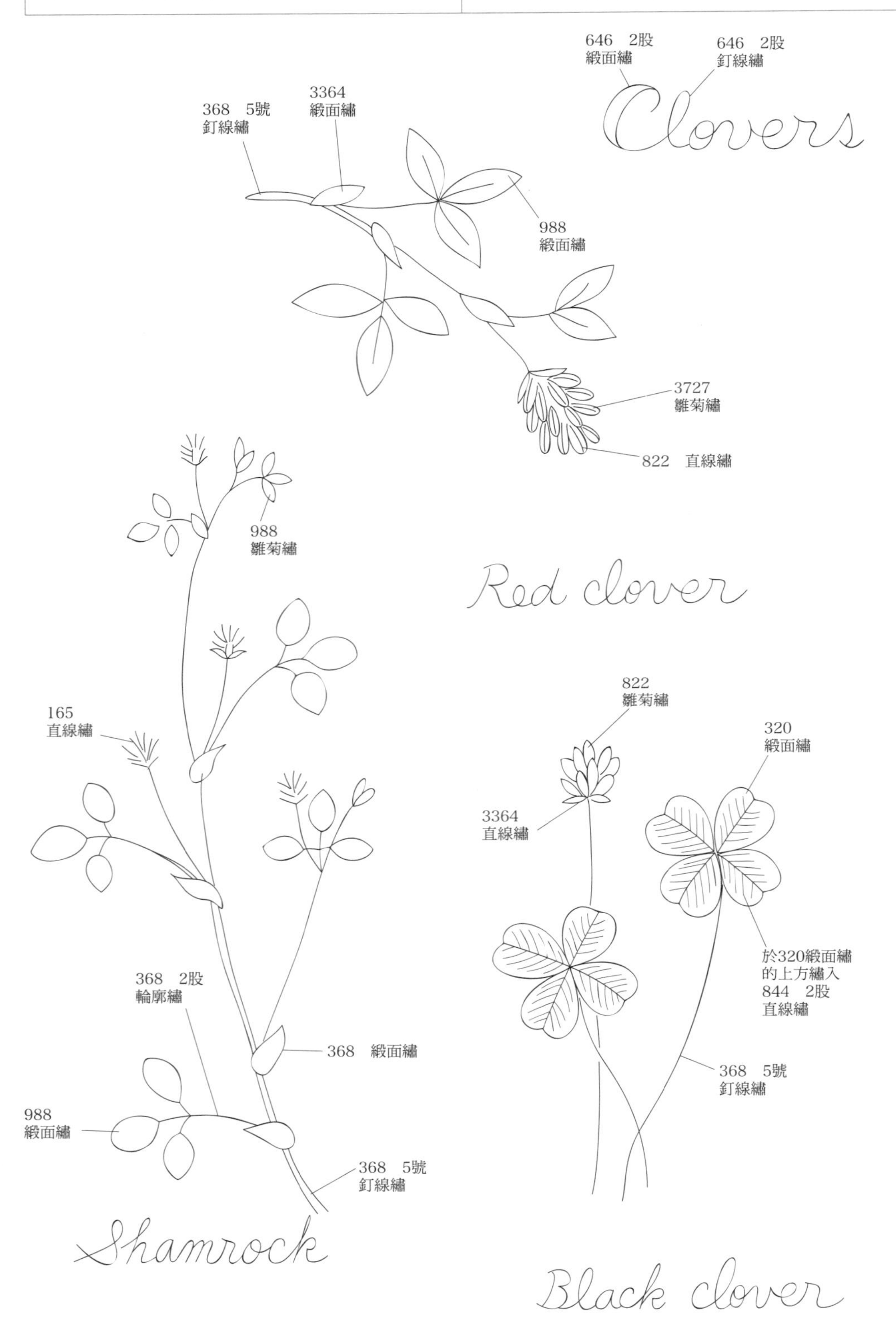

646 2股
緞面繡
646 2股
釘線繡
Clovers
368 5號
釘線繡
3364
緞面繡
988
緞面繡
3727
雛菊繡
822 直線繡
988
雛菊繡
Red clover
165
直線繡
822
雛菊繡
320
緞面繡
3364
直線繡
於320緞面繡
的上方繡入
844 2股
直線繡
368 2股
輪廓繡
368 緞面繡
368 5號
釘線繡
988
緞面繡
368 5號
釘線繡
Shamrock
Black clover

三葉草 page 36 Red Clovers • Shamrock • Black Clovers

[材 料] DMC繡線25號＝368, 320, 988, 3364, 165, 3727, 822, 844, 646 5號＝368

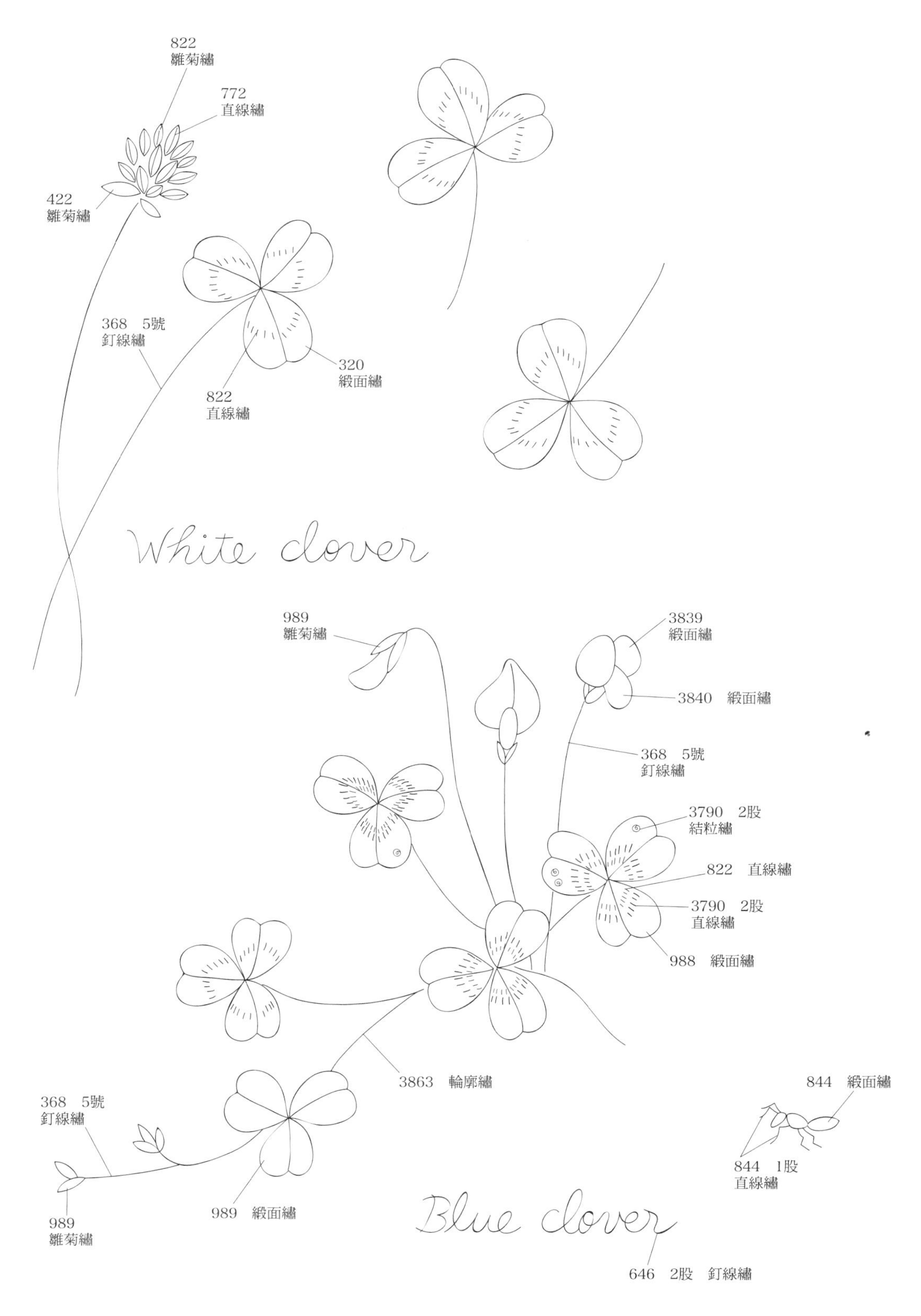
822
雛菊繡
772
直線繡
422
雛菊繡
368　5號
釘線繡
320
緞面繡
822
直線繡
White clover
989
雛菊繡
3839
緞面繡
3840　緞面繡
368　5號
釘線繡
3790　2股
結粒繡
822　直線繡
3790　2股
直線繡
988　緞面繡
3863　輪廓繡
844　緞面繡
368　5號
釘線繡
844　1股
直線繡
989
雛菊繡
989　緞面繡
Blue clover
646　2股　釘線繡

三葉草 page 37　White Clovers・Blue Clovers

[材 料] DMC繡線25號＝320, 989, 988, 772, 3840, 3839, 822, 422, 3863, 3790, 844, 646, 368　5號＝368

科名：馬鞭草科 / 學名：*Verbena* / 別名：美女櫻 原產地：美洲、歐洲 / 株高：20至100cm / 開花期：5月至11月	耐熱、耐乾，類似櫻花狀的小花由下往上依序綻放、集結成簇；莖部則沿著地面向四方匍匐延伸。

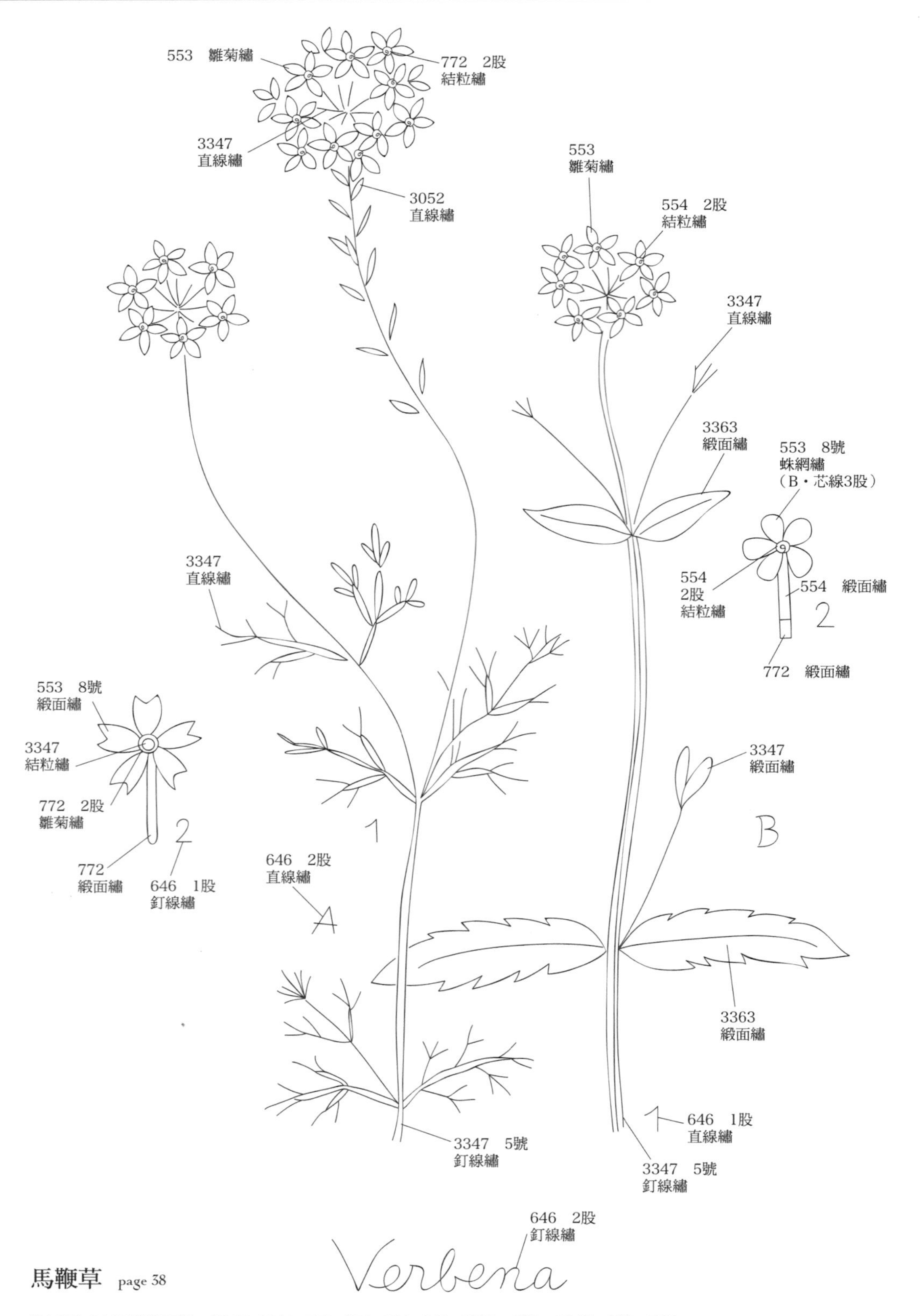

553 雛菊繡
772 2股
結粒繡
3347
直線繡
3052
直線繡
553
雛菊繡
554 2股
結粒繡
3347
直線繡
3363
緞面繡
553 8號
蛛網繡
（B・芯線3股）
554
2股
結粒繡
554 緞面繡
2
772 緞面繡
3347
直線繡
553 8號
緞面繡
3347
結粒繡
772 2股
雛菊繡
2
772
緞面繡
646 1股
釘線繡
646 2股
直線繡
A
1
B
3347
緞面繡
3363
緞面繡
646 1股
直線繡
3347 5號
釘線繡
3347 5號
釘線繡
646 2股
釘線繡
Verbena

馬鞭草 page 38

［材 料］DMC繡線25號＝3347, 3363, 772, 553, 554, 646, 3052　5號＝3347　8號＝553

［重 點］需繡出一朵朵分明的小花。完成花瓣後，再於其上繡上花蕊。

科名：毛茛科 / 學名：*Clematis* / 別名：鐵線 原產地：北半球溫帶地區 / 株高：20至500cm / 開花期：5月至10月	具有華麗的花型與多種色彩，不負「藤蔓女王」之美稱。樣本採自「這澤（Haizawa）」，我非常喜歡此品種的花型與種子的形狀。

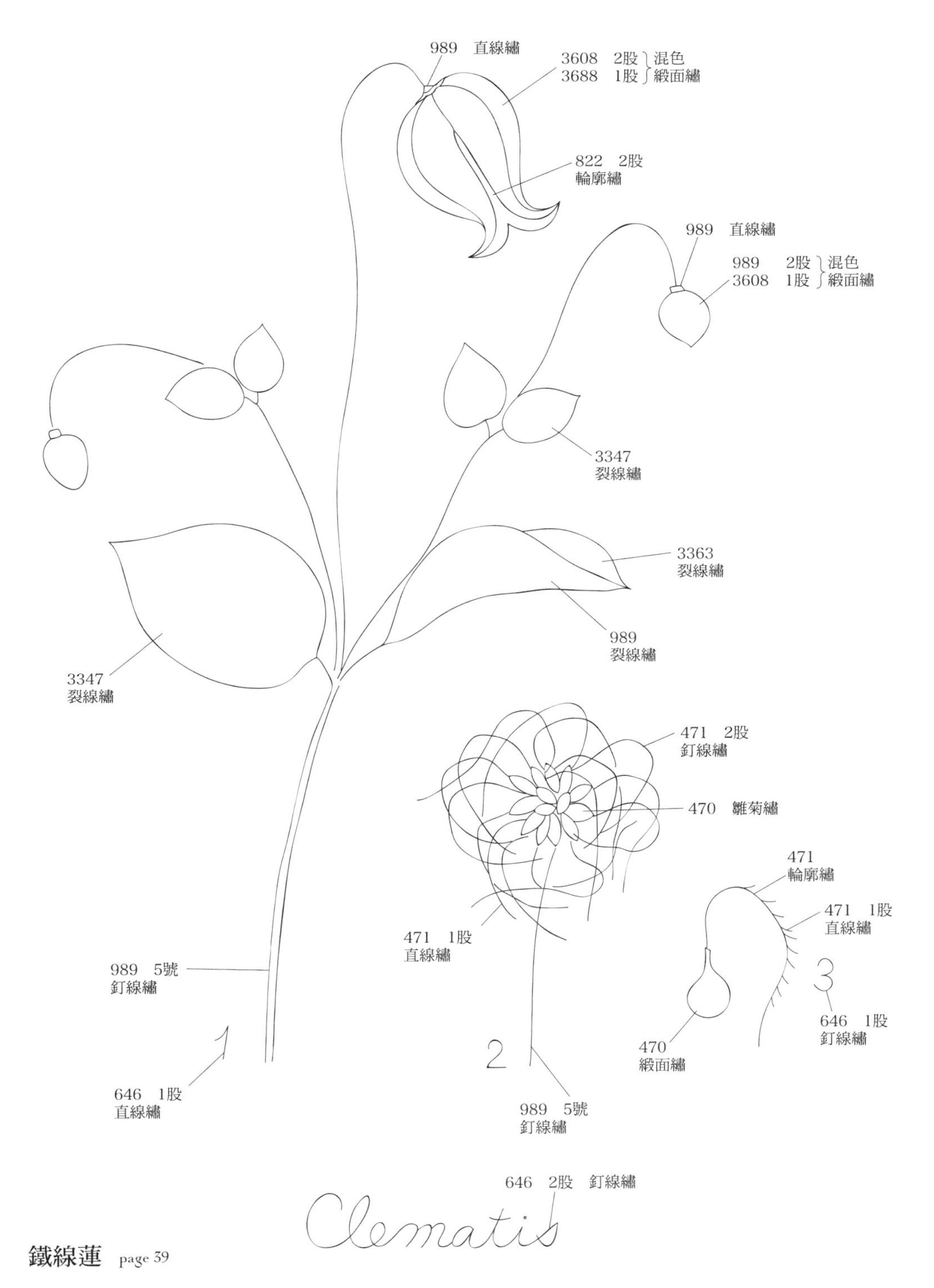

989 直線繡
3608 2股
3688 1股
混色
緞面繡
822 2股
輪廓繡
989 直線繡
989 2股
3608 1股
混色
緞面繡
3347
裂線繡
3363
裂線繡
989
裂線繡
3347
裂線繡
471 2股
釘線繡
470 雛菊繡
471
輪廓繡
471 1股
直線繡
471 1股
直線繡
989 5號
釘線繡
1
646 1股
直線繡
2
989 5號
釘線繡
3
646 1股
釘線繡
470
緞面繡
646 2股 釘線繡
Clematis

鐵線蓮 page 39

[材 料] DMC繡線25號＝989, 3347, 3363, 471, 470, 3608, 3688, 822, 646　5號＝989

[重 點] 2、3為鐵線蓮的種子。需進行釘線繡固定營造蓬鬆感。

科名：唇形科 / 學名：*Lavandula* / 原產地：地中海沿岸、加那利群島、亞洲西南部、印度 / 株高：30至100cm / 開花期：5月至7月	因香味清新而受到眾人所愛的香草植物。每次經過薰衣草附近時，我都會伸手撫弄花葉，享受散出的香味，需種植在日照與排水良好的地方。

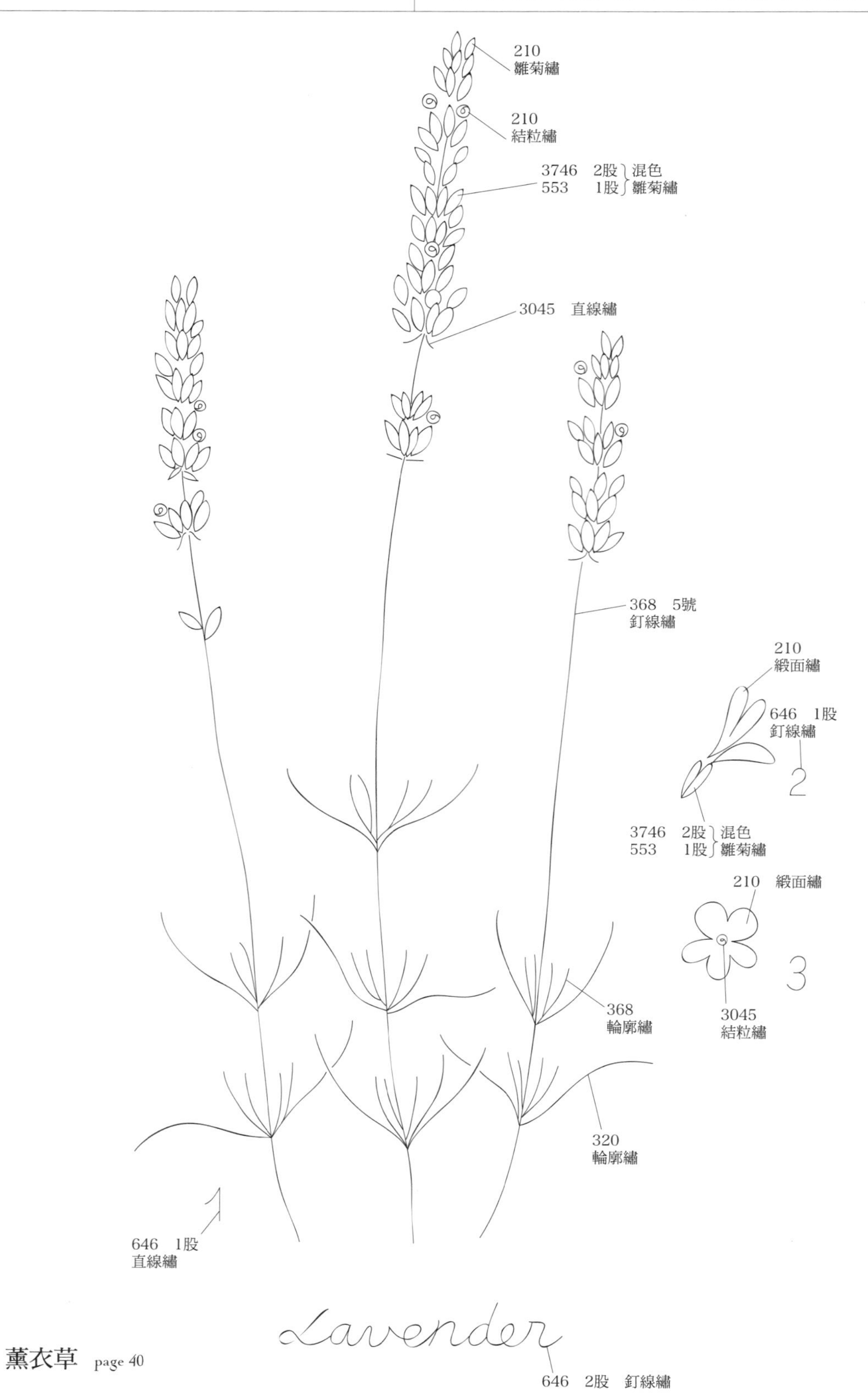
210
雛菊繡
210
結粒繡
3746 2股
553 1股
混色
雛菊繡
3045 直線繡
368 5號
釘線繡
210
緞面繡
646 1股
釘線繡
2
3746 2股
553 1股
混色
雛菊繡
210 緞面繡
3
3045
結粒繡
368
輪廓繡
320
輪廓繡
1
646 1股
直線繡
Lavender
646 2股 釘線繡

薰衣草 page 40

［材 料］DMC繡線25號＝368, 320, 210, 553, 3746, 3045, 646 5號＝368

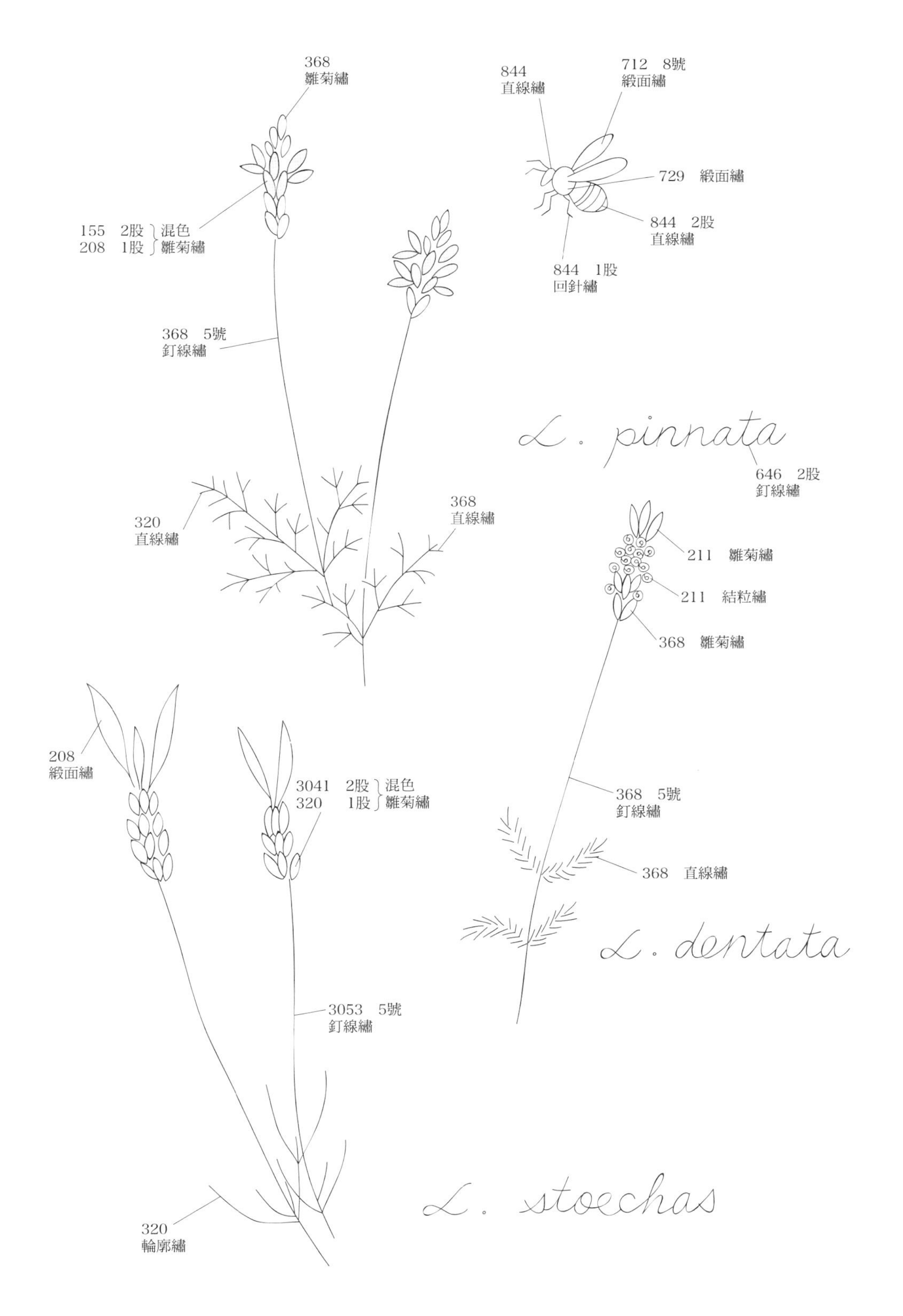
368
雛菊繡
844
直線繡
712　8號
緞面繡
729　緞面繡
155　2股
208　1股
混色
雛菊繡
844　2股
直線繡
844　1股
回針繡
368　5號
釘線繡
L. pinnata
646　2股
釘線繡
320
直線繡
368
直線繡
211　雛菊繡
211　結粒繡
368　雛菊繡
208
緞面繡
3041　2股
320　1股
混色
雛菊繡
368　5號
釘線繡
368　直線繡
L. dentata
3053　5號
釘線繡
L. stoechas
320
輪廓繡

薰衣草 page 41 羽葉薰衣草・齒葉薰衣草・西班牙薰衣草

［材 料］DMC繡線25號＝368, 320, 211, 155, 208, 3041, 729, 844, 646, 3053　5號＝368, 3053　8號＝712

科名：百合科 / 學名：*Allium* / 別名：花蔥 原產地：北半球 / 株高：30至150cm / 開花期：4月至6月	由細小的花集結成球狀，宛如夜空中綻放的花火， 每朵花皆有六片花瓣，自中心以等間隔距離展開。

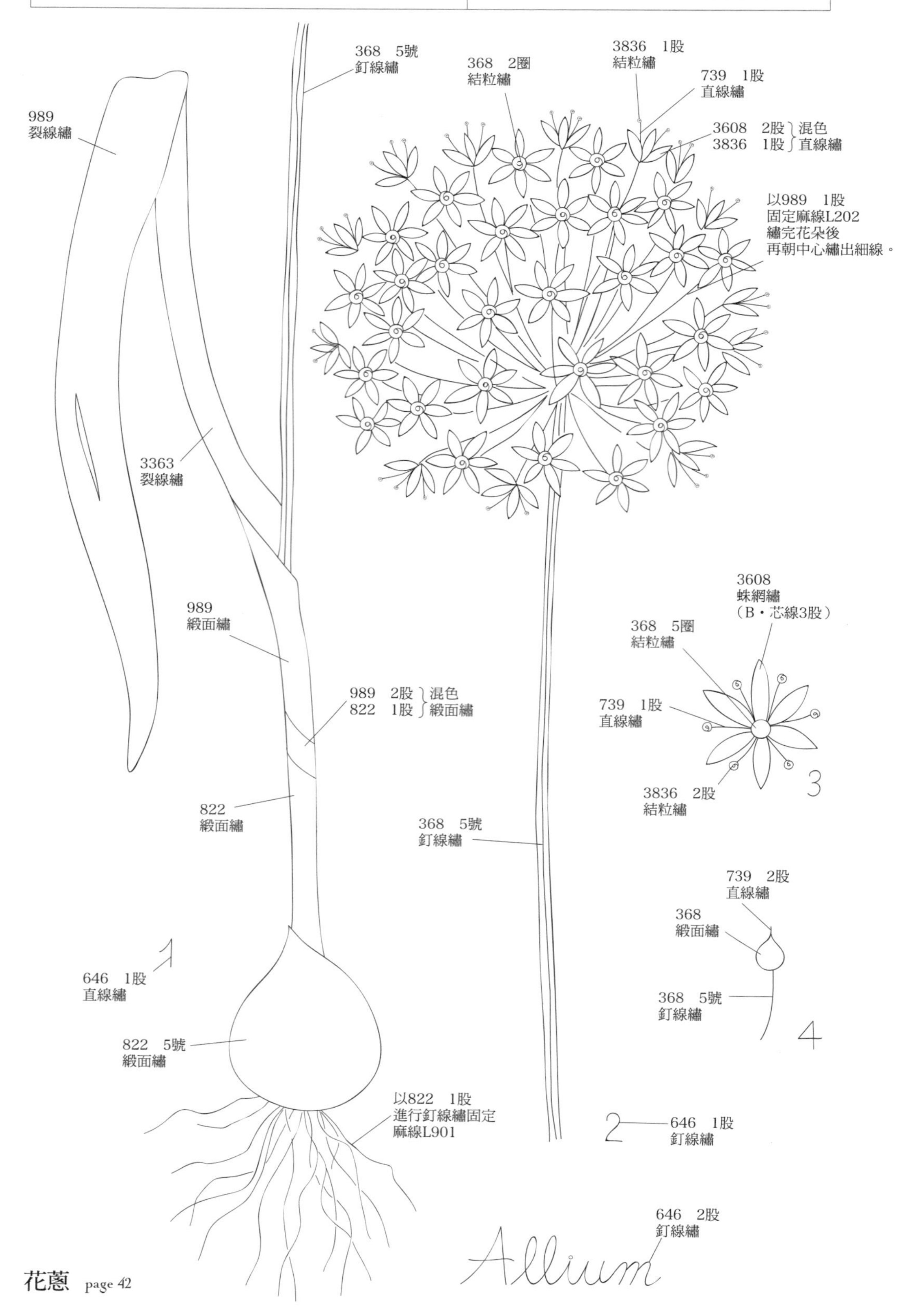

368 5號
釘線繡
989
裂線繡
368 2圈
結粒繡
3836 1股
結粒繡
739 1股
直線繡
3608 2股
3836 1股
混色
直線繡
以989 1股
固定麻線L202
繡完花朵後
再朝中心繡出細線。
3363
裂線繡
989
緞面繡
989 2股
822 1股
混色
緞面繡
822
緞面繡
3608
蛛網繡
（B・芯線3股）
368 5圈
結粒繡
739 1股
直線繡
3836 2股
結粒繡
3
368 5號
釘線繡
739 2股
直線繡
368
緞面繡
368 5號
釘線繡
4
1
646 1股
直線繡
822 5號
緞面繡
以822 1股
進行釘線繡固定
麻線L901
2
646 1股
釘線繡
646 2股
釘線繡
Allium

花蔥 page 42

［材 料］DMC繡線25號＝368, 3608, 3836, 822, 739, 989, 3363, 646　5號＝368, 822　AFE麻繡線＝L202, L901

科名：薔薇科/ 學名：*Alchemilla vulgaris* / 別名：羽衣草 原產地：歐洲 / 株高：20至40cm / 開花期：5月至6月	具有「聖母的斗蓬」之稱的香草類植物。圓滾滾的葉片與小巧的花朵齊放，便能營造出明亮且柔和的氛圍。

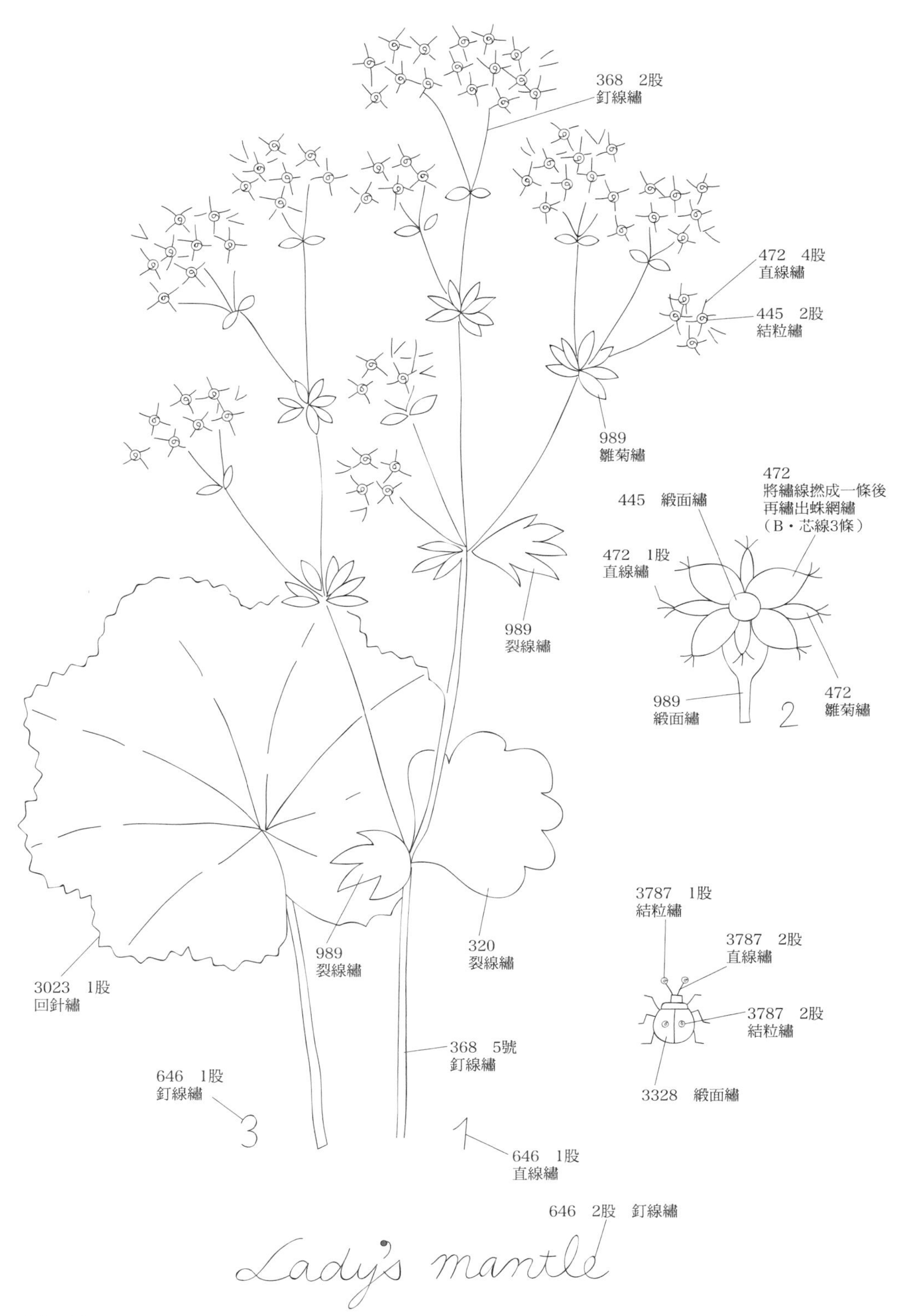

368 2股
釘線繡
472 4股
直線繡
445 2股
結粒繡
989
雛菊繡
472
將繡線撚成一條後
再繡出蛛網繡
（B・芯線3條）
445 緞面繡
472 1股
直線繡
989
裂線繡
989
緞面繡
2
472
雛菊繡
3787 1股
結粒繡
3787 2股
直線繡
3787 2股
結粒繡
3328 緞面繡
989
裂線繡
320
裂線繡
3023 1股
回針繡
368 5號
釘線繡
646 1股
釘線繡
3
1
646 1股
直線繡
646 2股 釘線繡
Lady's mantle

斗篷草 page 43

[材 料] DMC繡線25號＝989, 320, 445, 472, 3023, 646, 3787, 3328, 368　5號＝368

科名：桔梗科 / 學名：*Campanula rapunculoides* / 別名：風鈴桔梗 原產地：歐洲 / 株高：60至120cm / 開花期：5月至6月	於庭院中成團成簇綻放花容的，正是風鈴桔梗。風鈴桔梗藉由地下莖繁衍擴增，花莖纖細瘦長，也經常用作於切花材。

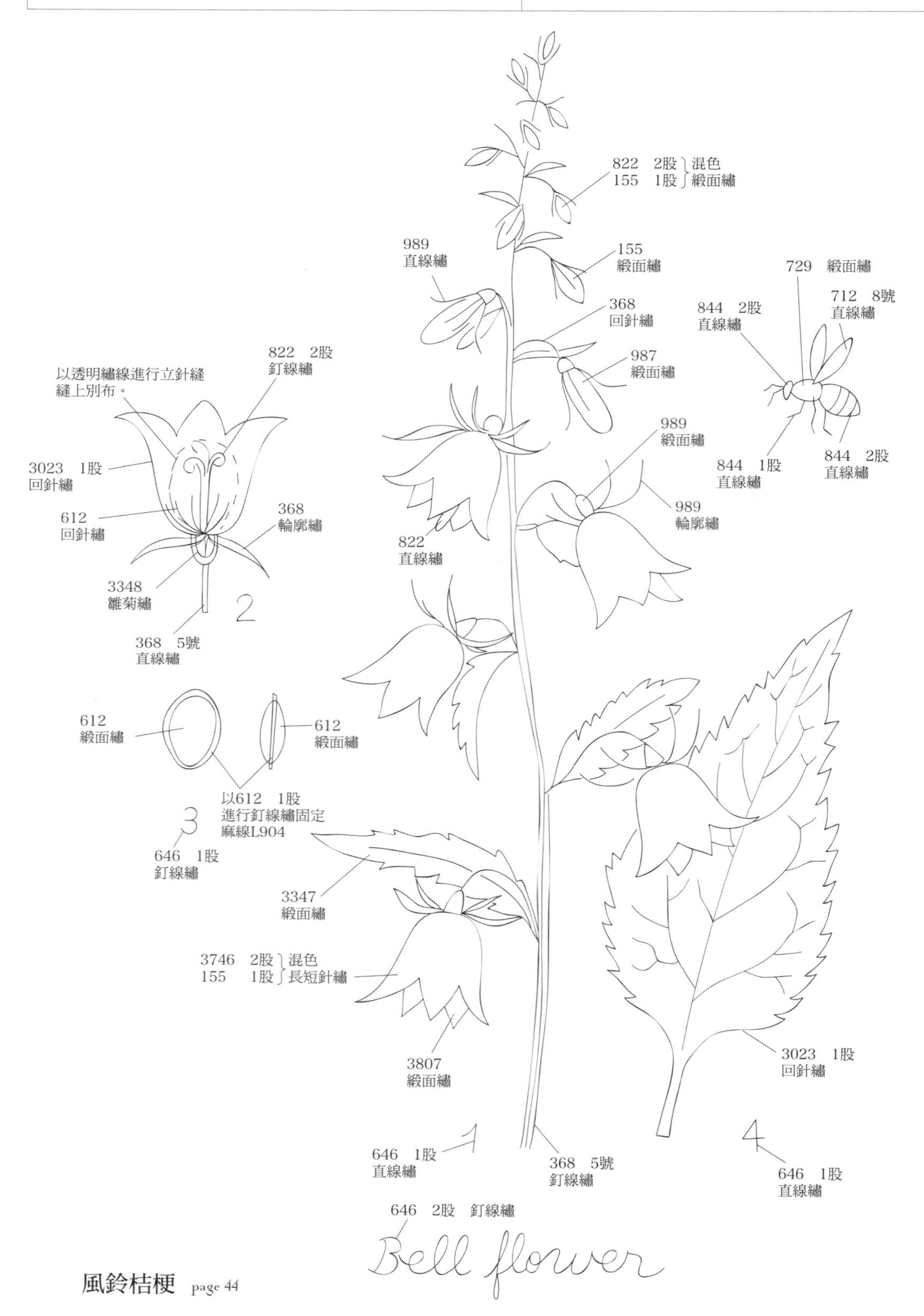

822 2股 155 1股 混色 緞面繡
989 直線繡
155 緞面繡
729 緞面繡
712 8號 直線繡
844 2股 直線繡
368 回針繡
987 緞面繡
822 2股 釘線繡
以透明繡線進行立針縫 縫上別布。
3023 1股 回針繡
989 緞面繡
844 1股 直線繡
844 2股 直線繡
612 回針繡
368 輪廓繡
989 輪廓繡
822 直線繡
3348 雛菊繡
2
368 5號 直線繡
612 緞面繡
612 緞面繡
以612 1股 進行釘線繡固定 麻線L904
3
646 1股 釘線繡
3347 緞面繡
3746 2股 155 1股 混色 長短針繡
3807 緞面繡
3023 1股 回針繡
1
646 1股 直線繡
368 5號 釘線繡
4
646 1股 直線繡
646 2股 釘線繡
Bell flower

風鈴桔梗 page 44

［材 料］DMC繡線25號＝368, 989, 3347, 3363, 3746, 155, 3807, 612, 3023, 646, 822, 3348　5號＝368
AFE麻繡線＝L904　別布＝蟬翼紗（珍珠白）少許

科名：毛茛科 / 學名：*Anemone × hybrida* / 別名：秋明菊 原產地：中國 / 株高：60至100cm / 開花期：10月至11月	除了被視為茶花而受到大眾青睞的秋明菊之外，亦有園藝改良品種，此處樣本採自園藝種的黛安娜（Diana）。

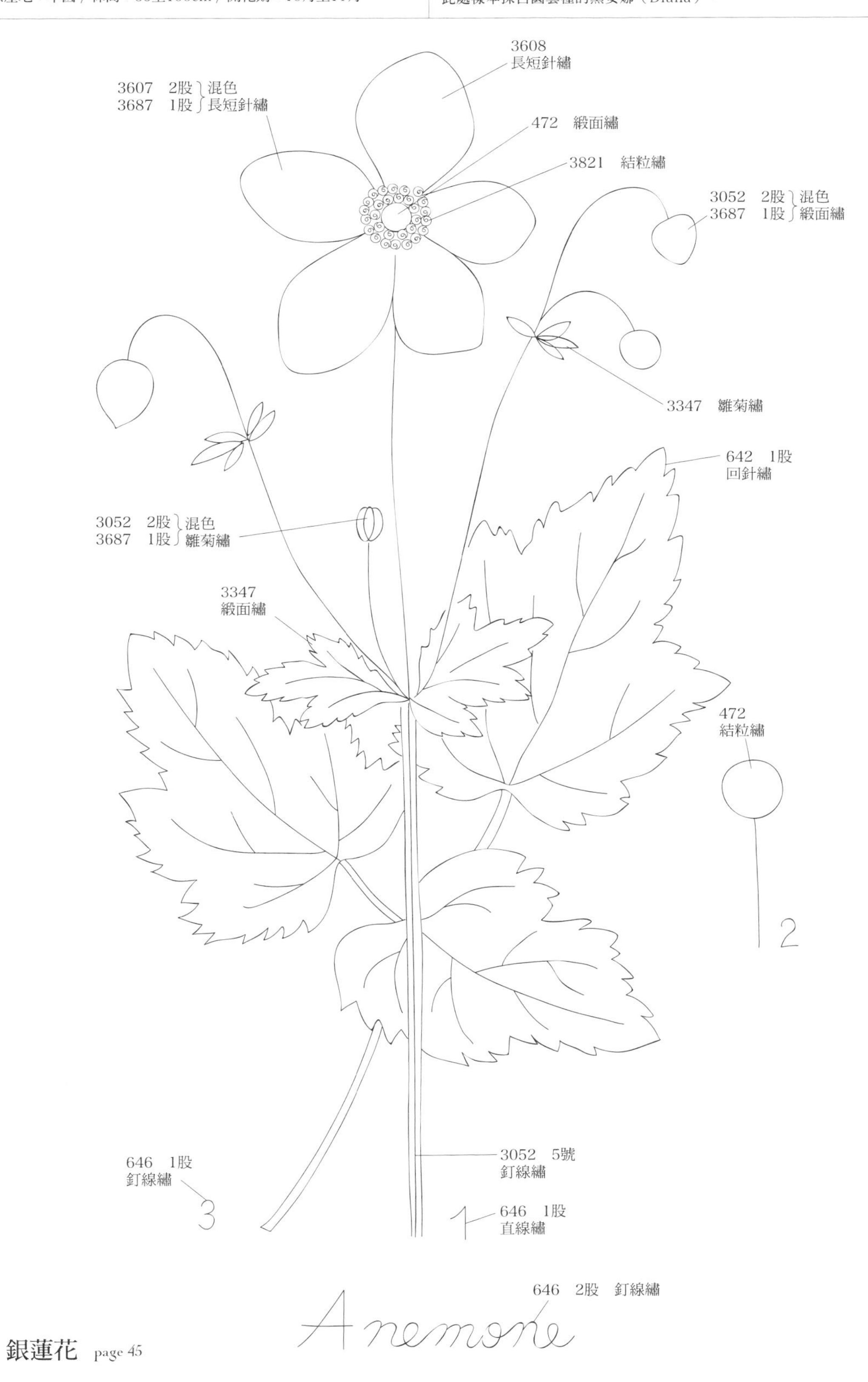

3608
長短針繡
3607 2股
3687 1股
混色
長短針繡
472 緞面繡
3821 結粒繡
3052 2股
3687 1股
混色
緞面繡
3347 雛菊繡
642 1股
回針繡
3052 2股
3687 1股
混色
雛菊繡
3347
緞面繡
472
結粒繡
2
3052 5號
釘線繡
646 1股
釘線繡
3
1
646 1股
直線繡
646 2股 釘線繡
Anemone

銀蓮花 page 45

[材 料] DMC繡線25號＝3052, 3347, 72, 3608, 3607, 3687, 642, 646, 3821 5號＝3052

並非特意種植，但我的庭園中有非常多的果類植物。
一旦有果類植物，鳥兒們便會經常來訪呢！

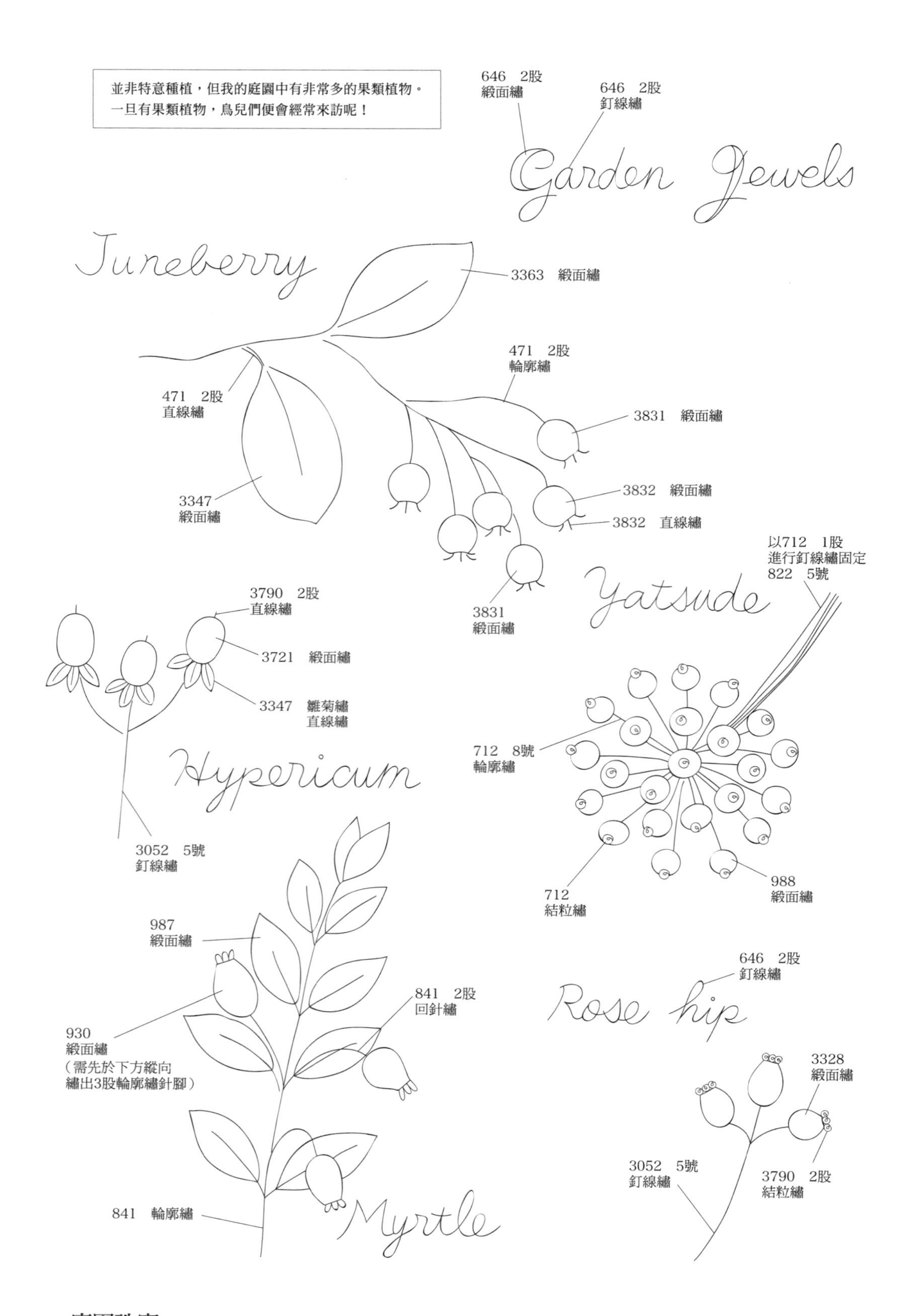
646 2股
緞面繡
646 2股
釘線繡
Garden Jewels
Juneberry
3363 緞面繡
471 2股
輪廓繡
471 2股
直線繡
3831 緞面繡
3347
緞面繡
3832 緞面繡
3832 直線繡
以712 1股
進行釘線繡固定
822 5號
3831
緞面繡
Yatsude
3790 2股
直線繡
3721 緞面繡
3347 雛菊繡
直線繡
712 8號
輪廓繡
Hypericum
3052 5號
釘線繡
712
結粒繡
988
緞面繡
987
緞面繡
646 2股
釘線繡
841 2股
回針繡
Rose hip
930
緞面繡
（需先於下方縱向
繡出3股輪廓繡針腳）
3328
緞面繡
3052 5號
釘線繡
3790 2股
結粒繡
841 輪廓繡
Myrtle

庭園珠寶 page 46 加拿大唐棣・八角金盤・火龍果・香桃木・玫瑰果

［材 料］DMC繡線25號＝471, 988, 3347, 3363, 987, 841, 3790, 3832, 3831, 3328, 3721, 712, 646, 930, 3052
5號＝822, 3052　8號＝712

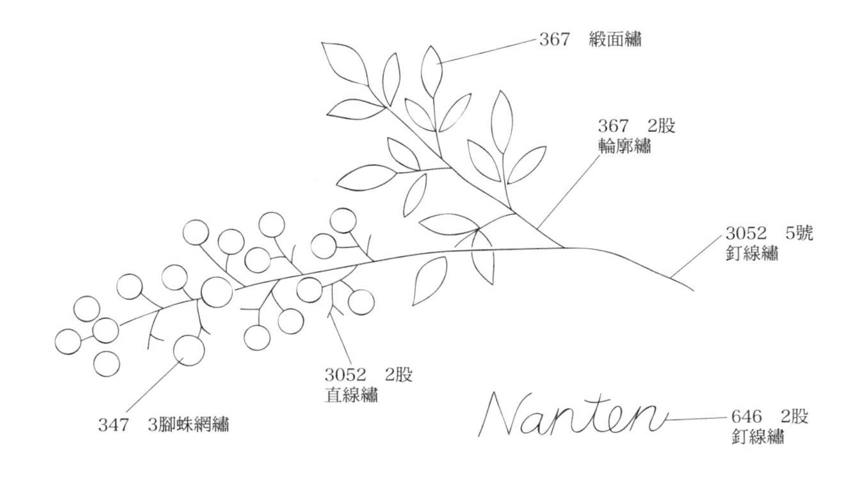
367　緞面繡
367　2股
輪廓繡
3052　5號
釘線繡
3052　2股
直線繡
347　3腳蛛網繡
Nanten
646　2股
釘線繡

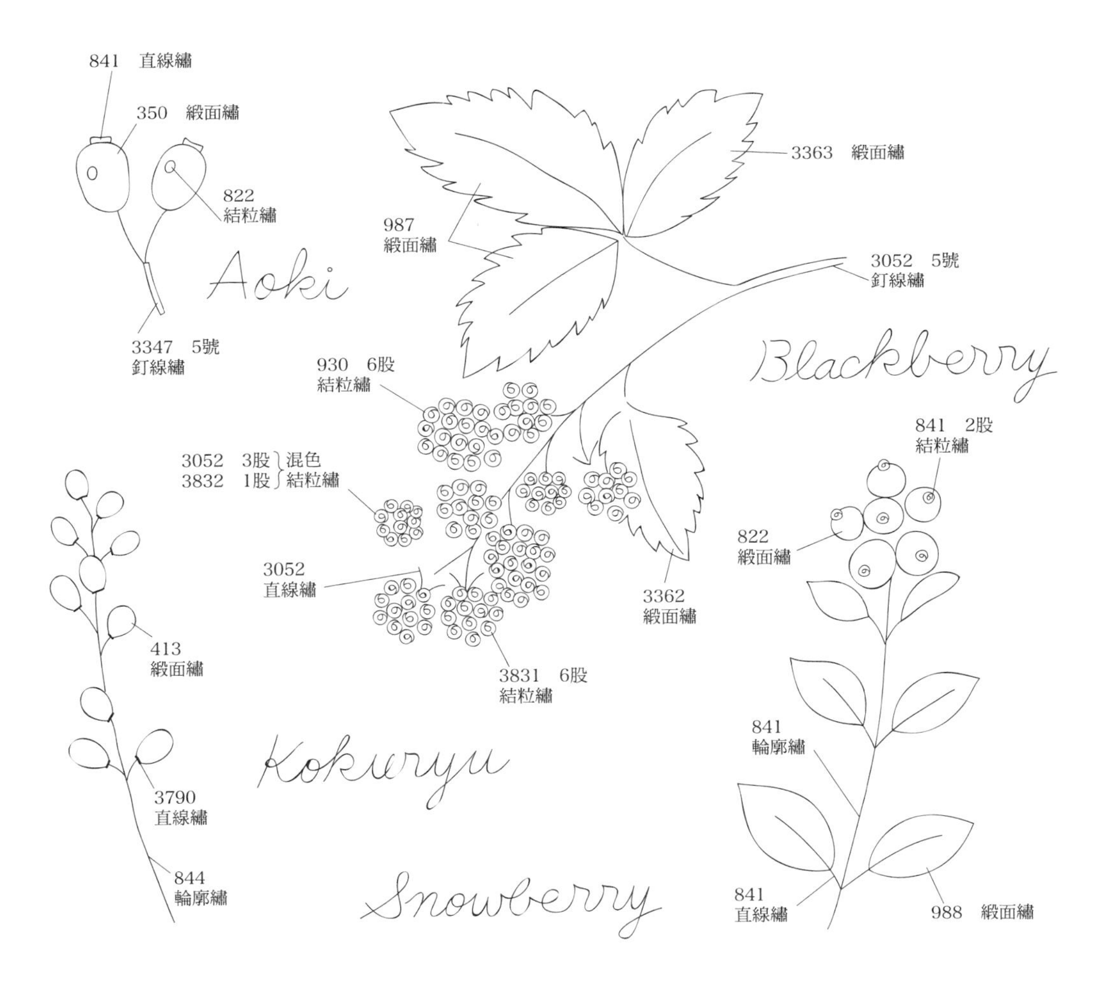
841　直線繡
350　緞面繡
822
結粒繡
Aoki
3347　5號
釘線繡
3363　緞面繡
987
緞面繡
3052　5號
釘線繡
Blackberry
930　6股
結粒繡
3052　3股
3832　1股
混色
結粒繡
841　2股
結粒繡
822
緞面繡
3052
直線繡
3362
緞面繡
413
緞面繡
3831　6股
結粒繡
841
輪廓繡
Kokuryu
3790
直線繡
844
輪廓繡
Snowberry
841
直線繡
988　緞面繡

庭園珠寶　page 47　南天竹・東瀛珊瑚・黑莓・黑龍・雪果

[材 料] DMC繡線25號＝3347, 988, 987, 3363, 3362, 350, 347, 822, 646, 413, 844, 3052, 367, 841, 3790, 3832, 3831, 930　5號＝3052, 3347

後記

在從事庭園工作的當中，

我也漸漸地開始翻閱植物圖鑑了！

對綻放於小小庭園內的花草們知道得愈多，

便愈能感受到其本身散發出的細緻魅力，

那是個Wonderland的世界。

一直希望有朝一日能夠出版刺繡的花草圖鑑，

而今天終於將其化為有形，

花朵刺繡，是非常有趣的手作喔！

青木和子

手作人の私藏！
青木和子の
庭園花草刺繡圖鑑 BEST.63（暢銷新版）

作　　者／青木和子
譯　　者／劉好殊
發 行 人／詹慶和
執行編輯／黃璟安
編　　輯／蔡毓玲．劉蕙寧．陳姿伶
執行美編／周盈汝．韓欣恬
美術編輯／陳麗娜
內頁排版／造極
出 版 者／雅書堂文化事業有限公司
發 行 者／雅書堂文化事業有限公司
郵政劃撥帳號／18225950
戶　　名／雅書堂文化事業有限公司
地　　址／新北市板橋區板新路 206 號 3 樓
電　　話／(02)8952-4078
傳　　真／(02)8952-4084
網　　址／www.elegantbooks.com.tw
電子信箱／elegant.books@msa.hinet.net

2021 年 2 月二版一刷　定價 350 元

經銷／易可數位行銷股份有限公司
地址／新北市新店區寶橋路 235 巷 6 弄 3 號 5 樓
電話／(02)8911-0825
傳真／(02)8911-0801

國家圖書館出版品預行編目資料

手作人の私藏！青木和子の庭園花草刺繡圖鑑 BEST.63 / 青木和子著；劉好殊譯．
-- 二版．-- 新北市：雅書堂文化事業有限公司，2021.02
面；　公分．--（愛刺繡；7）
譯自：青木和子の刺しゅう庭の花圖鑑
ISBN 978-986-302-576-4(平裝)

1. 刺繡 2. 手工藝

426.2　　110001392

日文原書團隊

書籍設計／天野美保子
攝　　影／安田如水（文化出版局）
製　　圖／大樂里美（day studio）
協　　力／通谷尚子
校　　閱／堀口惠美子
編　　輯／大澤洋子（文化出版局）
發 行 人／大沼 淳

參考文獻

· Nordens Flora C.A.M.Lindman
· Annuals and Biennials Roger Phillips & Martyn Rix
·《夏之蟲與夏之花》（福音館）
·《Gardening 基本大百科》（集英社）
·《芳香的花草 Herb》（NHK 出版）
·《年年開花的宿根花草》（NHK 出版）
· Spercial thanks
· Narie Bengtsson

繡線提供
· DMC
· http://www.dmc.com

3
1
2
4

Fritillaria

EMBROIDERED
GARDEN FLOWERS

Viola

莓果大小事　「愛德華王子島產有各種品種的莓果，可以稱為莓果之島了！有藍莓、蔓越莓、野草莓、醋栗類的鵝莓、也有越橘莓喔！」負責介紹島上風光的 M 先生，以很認真的表情告訴我這些情報。

可惜距離莓果的產季還有些早，因此拜訪了釀造莓果酒與製造果醬的工房，以代替參觀莓果田。

回到 B&B 的時候，打開電視就看見了蔓越莓浸到兩位男士胸口的的廣告。蔓越莓栽種在窪地，所以收割的時候，需要先引水再來撈取，大概就像廣告中呈現的感覺吧！在大型超市，乾燥的莓果則是以杯為單位來秤重販售的。一連串莓果的體驗真是旅行中的美好插曲呢！

Wild Strawberry

青木和子の花草刺繡之旅 2
清秀佳人的幸福小島

青木和子の花草刺繡之旅 2

清秀佳人的幸福小島

青木和子◎著

平裝／ 92 頁／ 19 ×24.5cm ／彩色＋單色

● 定價 320 元

青木和子的刺繡手作小旅行

一同走訪《清秀佳人》書中的動人場景吧！

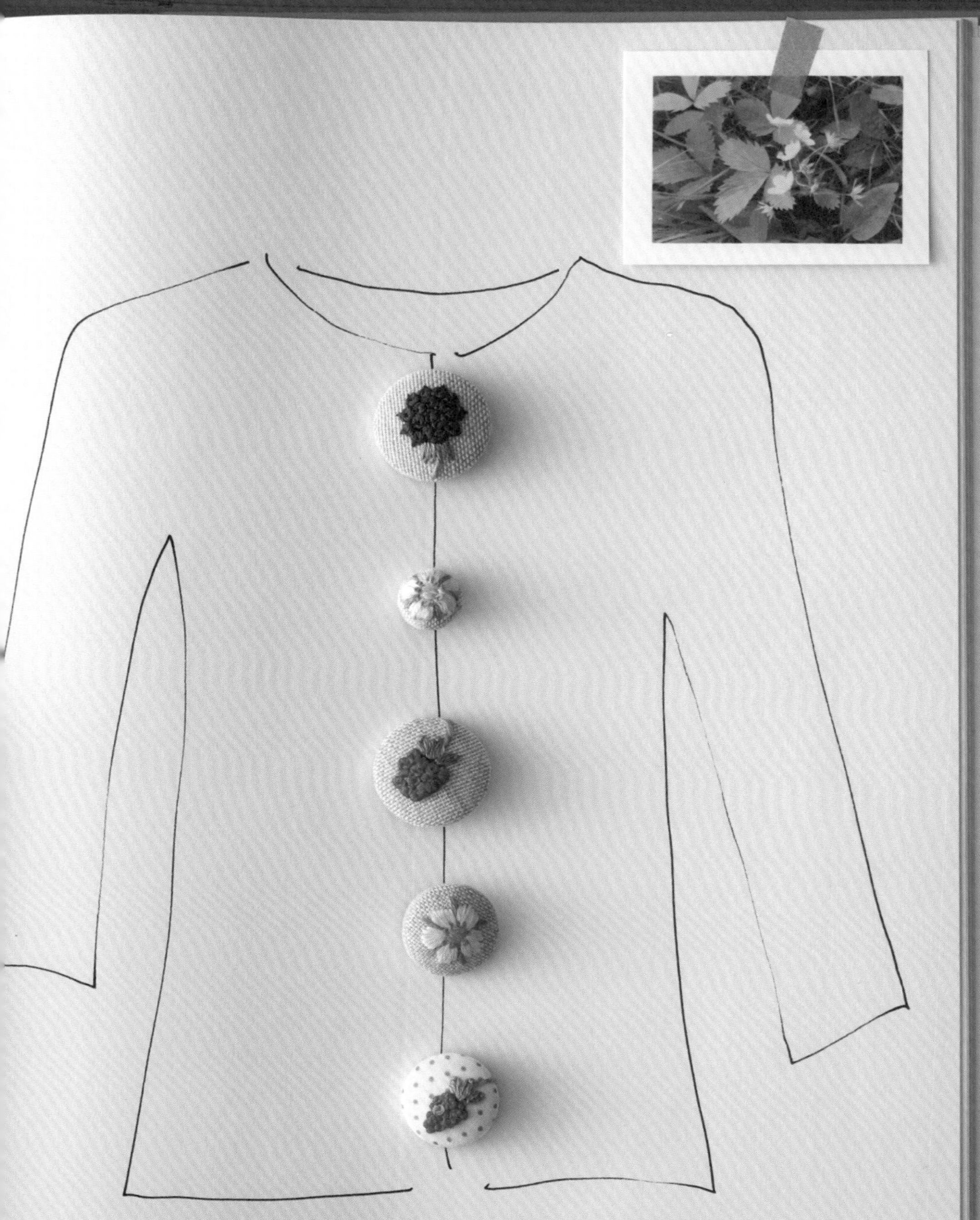

《清秀佳人》是一部相當雋永的文學作品，陪伴著許多人度過童年時光。刺繡名家青木和子特別走訪《清秀佳人》的背景地一加拿大愛德華王子島，探訪書中的場景與花草，不只拍下照片，也以刺繡表現，彷彿讓故事更加活靈活現了，不妨跟著書中內容，一起沿著安妮的足跡，繡出不一樣的風景吧！

EMBROIDERED
GARDEN FLOWERS